国家水产养殖种质资源种类名录（图文版）

上册

第一次全国水产养殖种质
资源普查工作办公室 / 编

中国农业出版社

北京

图书在版编目（CIP）数据

国家水产养殖种质资源种类名录：图文版. 上册/
第一次全国水产养殖种质资源普查工作办公室编. —北
京：中国农业出版社，2024.7
ISBN 978-7-109-31938-7

Ⅰ.①国…　Ⅱ.①第…　Ⅲ.①水产养殖－种质资源－
中国－名录　Ⅳ.①S96-62

中国国家版本馆CIP数据核字（2024）第087386号

中国农业出版社出版
地址：北京市朝阳区麦子店街18号楼
邮编：100125
策划编辑：王金环　武旭峰
责任编辑：王金环　蔺雅婷　韩　旭
版式设计：杨　婧　责任校对：吴丽婷　责任印制：王　宏
印刷：北京中科印刷有限公司
版次：2024年7月第1版
印次：2024年7月北京第1次印刷
发行：新华书店北京发行所
开本：889mm×1194mm　1/16
印张：26.75
字数：683千字
定价：268.00元

国家水产养殖种质资源种类名录（图文版）（上册）

编审委员会

国家水产养殖种质资源种类名录（图文版）（上册）

编写委员会

主　编　王建波　吴珊珊　倪　蒙　赵　明

副主编　韩　枫　王　磊　潘晓赋　陈校辉　庚宸帆　陈再忠
　　　　　孙广伟

编　委（按姓氏笔画排序）

丁丰源　王　雪　王小鹏　王亚楠　王启明　王国杰

王剑周　王紫阳　卞秋云　尹　丹　石永伦　田　源

朱文彬　任　妮　刘　飞　刘　茜　刘　铭　刘俊杰

刘彦斌　刘雪漪　李　飞　李　军　李　峰　李引娣

李柯懋　吴　桃　吴俊颉　邱亢铖　何　川　张　翔

张旭彬　张春晓　张瑞雪　张澜澜　陈　啸　罗腾达

赵　峰　赵一杰　胡　振　胡建平　胡蓓娟　郜小龙

侯晓蕾　原居林　曹爱英　龚　全　康鹏天　韩自强

景福涛　谢宜涛　谢潮添　阙华勇　窦亚琪　翟旭亮

樊恩源　薛　洋

序言

我国水产养殖历史悠久，积累了丰富的养殖经验和成熟的养殖技术，自1989年起我国水产养殖产量已连续35年稳居世界第一。在长期的生产实践过程中，大量的水生生物资源被发现、驯化和培育成丰富多样的水产养殖种质资源，这些种质资源在我国水产养殖业快速发展且行稳致远中发挥了重要作用，是珍贵的基因宝库和中华民族的宝贵财富。

随着水产养殖业的发展，水产养殖种质资源的数量、分布及特征特性等也在不断变化和更新。全面摸清我国水产养殖种质资源的家底，客观描述种质资源的形成过程，科学分析种质资源的特征特性，对于加强水产养殖种质资源保护和管理，促进水产养殖业高质量发展，满足人类社会对水产品的需求，具有重大的战略意义。受条件所限，除在育种研究中进行过零星养殖种质资源调查收集，全国性、系统性普查一直没有很好地开展。为查清我国水产养殖种质资源状况，2021年，农业农村部启动了第一次全国水产养殖种质资源普查，经过三年的艰苦努力，克服了新冠肺炎疫情、严寒酷暑、风急浪高等多种不利因素影响，国家及各省（自治区、直辖市）渔业主管部门、技术推广机构、相关科研院校及有关专家7万多人，进行了全面拉网式的普查，足迹遍布全国2 700多个县的92万余家养殖主体，采集数据210万余条，第一次全面摸清了我国水产养殖种质资源家底，形成了海量的基础数据和资料，经多轮专家论证和反复修改编制完成《国家水产养殖种质资源种类名录（2023年版）》。在此基础上，第一次全国水产养殖种质资源普查工作办公室组织数百名专家，历时两年编撰完成了《国家水产养殖种质资源种类名录（图文版）》。

《国家水产养殖种质资源种类名录（图文版）》图文并茂地展示了我国水产养殖种质资源，详细描述了我国水产养殖种质资源的分类名称、特征特性、地位作用和开发利用等情况，是记录水产养殖业发展历程之作，是第一次全国水产养殖种质资源普查成果展示之作，也是水产养殖的科普宣传之作。本书的出版将为国家加强种质资源保护利用提供科学依据，为科学普及水产养殖知识提供有益参考，为水产养殖业的发展注入新动力。

《国家水产养殖种质资源种类名录（图文版）》凝结了国内水产知名专家学者、养殖业主和相关机构工作人员的大量心血和汗水。值此出版之际，向参与第一次全国水产养殖种质资源普查、《国家水产养殖种质资源种类名录（2023年版）》及其图文版编纂工作的全体同志致以最深的敬意和热烈祝贺。同时，诚挚希望社会各界继续关心和支持我国的水产养殖种质资源保护与利用工作。希望全国水产养殖从业者再接再厉、奋发进取，为推动我国渔业高质量发展做出新的更大的贡献。

第一次全国水产养殖种质资源普查工作办公室

2024年5月

编写说明

《国家水产养殖种质资源种类名录（图文版）》[以下简称《名录（图文版）》] 由第一次全国水产养殖种质资源普查工作办公室组织有关单位共同编制，编写资料来源于第一次全国水产养殖种质资源普查结果及文献等，资料收集截止时间为 2021 年 12 月 31 日。

《名录（图文版）》涵盖我国水产养殖种质资源 857 个，分为淡水鱼类、海水鱼类、虾蟹类、贝类、藻类、两栖爬行类、棘皮类、其他类等 8 个大类。所收录的淡水鱼类养殖种质资源均隶属于动物界、脊索动物门，包括硬骨鱼纲 401 个、圆口纲 2 个、软骨鱼纲 1 个；海水鱼类养殖种质资源均隶属于动物界、脊索动物门、硬骨鱼纲，共计 124 个；虾蟹类养殖种质资源均隶属于动物界、节肢动物门、软甲纲，包括十足目 61 个、口足目 1 个；贝类养殖种质资源均隶属于动物界、软体动物门，包括双壳纲 106 个、腹足纲 24 个、头足纲 6 个；藻类养殖种质资源包括原藻界、淡色藻门、褐藻纲 17 个，植物界、红藻门、红毛菜纲 10 个，植物界、红藻门、真红藻纲 12 个，植物界、绿藻门、绿藻纲 1 个，真细菌界、蓝藻门、蓝藻纲 1 个；两栖爬行类养殖种质资源均隶属于动物界、脊索动物门，包括爬行纲 53 个、两栖纲 9 个；棘皮类养殖种质资源均隶属于动物界、棘皮动物门，包括海参纲 9 个、海胆纲 5 个；其他类养殖种质资源是指不能归到上述 7 大类的种质资源，均隶属于动物界，包括刺胞动物门 4 个、环节动物门 6 个、星虫动物门 2 个、脊索动物门 1 个、节肢动物门 1 个。

《名录（图文版）》对每个种质资源的名称、分类地位、地位作用、养殖分布、养殖模式和开发利用情况进行了描述，并附种质资源照片。其中种质资源名称和排序与《国家水产养殖种质资源种类名录（2023 年版）》一致。俗名来源于文献资料、编写专家、普查结果等。照片来源于编写专家、普查结果等。分类地位由各领域权威分类学家校正。地位作用中，将所有水产养殖种质资源根据产业现状和未来发展趋势分为品种、主养种、区域养殖种、主养种的近缘种、观赏/药用/饵料种、珍稀保护种、潜在养殖种等。品种指通过全国水产原种和良种审定委员会审定的品种，其中审定的30个引进种归到品种外的其他类别，剑尾鱼RP-B系归到观赏种；主养种指《2022中国渔业统计年鉴》收录，或养殖规模较大且养殖分布较广的种质资源；区域养殖种是指具有一定养殖规模但明显集中在1～2个片区的种质资源；主养种的近缘种是指主养种同属或同科的种质资源，已被用于或可用于主养种的品种创制等；观赏/药用/饵料种是指首要用途为观赏/药用/饵料用的种质资源；珍稀保护种是指列入《国家重点保护野生动物名录》或主要用途为保护性繁育的种质资源；潜在养殖种是指养殖规模不大、养殖潜力有待开发的种质资源。值得注意的是，水产养殖业是一个快速发展的产业，水产养殖种质资源的地位作用随着产业发展可能发生变化，本书中对种质资源的定位综合考虑了上述参考标准、专家意见、普查获得的养殖规模等信息，供读者参考。此外，对于列入《国家重点保护野生动物名录》的物种，如保护对象未区分是否为野外种群，则该种质资源的地位为保护种，作用为保护；对于保护对象"仅限野外种群"的种质资源，以及列入《濒危野生动植物种国际贸易公约》（CITES）附录的种质资源，其地位根据上述规则进行判定，并注明列入相关名录或附录，同时在其作用中增加"保护"。养殖分布中，不依赖于海水的水产养殖种质资源养殖区域包括华北、东北、华东、华中、华南、西南和西北7个片区，依赖于海水的水产养殖种质资源养殖区域包括黄渤海、东海和南海3个海域，养殖区域以各区域的养殖产量从高到低排序，排序的数据来源包括《2022中国渔业统计年鉴》和普查结果；养殖省份（因调查口径缘故，将新疆和新疆生产建设兵团分别列出）的排序原则为《2022中国渔业统计年鉴》收录的种质资源按照各省份的养殖产量从高到低进行排序，未收录的种质资源按照行政区划进行排序。养殖模式主要描述该种质资源的养殖水体和养殖模式。其中养殖水体是指该种质资源从苗种养殖至上市所在的水体，非亲本培育或育苗水体，按照国际通用规则，根据水体盐度将养殖水体划分为淡水、半咸水、海水和卤水4种，养殖水体的排序按当下养殖业中的重要程度排序；养殖模式来源于编写专家、文献资料或普查结果。开发利用情况介绍了该种质资源的来源、人工苗种繁育和养殖关键技术是否解决、繁育主体数量等信息。对于人工苗种繁育和养殖关键技术是否解决，主要编写依据为文献资料和专家调研；品种的开发利用情况主要来源于品种申报材料以及农业农村部公告的品种简介；繁育主体数量来源于普查结果，无相关叙述的种质资源，为未普查到其繁育主体。

目录

淡水鱼类

国家水产养殖
种质资源种类
名录（图文版）

上 册

淡水鱼类 〜

国家水产养殖种质资源种类名录（图文版）（上册）

1.青鱼（*Mylopharyngodon piceus*）

俗名 青混、青鲩、螺蛳青、乌青、乌混、黑鲩、青根子、黑混、螺蛳混、青棒、钢青等。

（沙航 提供）

分类地位 动物界（Animalia）、脊索动物门（Chordata）、硬骨鱼纲（Osteichthyes）、鲤形目（Cypriniformes）、鲤科（Cyprinidae）、青鱼属（*Mylopharyngodon*）。

地位作用 青鱼是我国淡水鱼类主养种。主要用途为食用。

养殖分布 青鱼主要在我国华中、华东、西南、华南、东北等地区养殖，包括：湖北、江苏、湖南、安徽、浙江、江西、广东、广西、河南、福建、云南、山东、上海、四川、重庆、吉林、贵州、甘肃、海南、山西、黑龙江、天津、北京、陕西、辽宁、河北等。

养殖模式 青鱼的养殖水体为淡水，主要养殖模式包括池塘养殖、大水面增养殖等，主要作为主养种与鲢、鳙等混养，也可与团头鲂、鲫、草鱼等混养。

开发利用情况 青鱼为本土种，是我国传统养殖种类。青鱼养殖历史悠久，距今已有1 000多年，20世纪60年代解决了其人工苗种繁育技术。全国共普查到376个繁育主体开展该资源的活体保种和/或苗种生产。

2.草鱼（*Ctenopharyngodon idella*）

俗名 鲩、油鲩、草鲩、白鲩、草根子、混子鱼、脆鲩（广东）等。

（沙航 提供）

分类地位 动物界（Animalia）、脊索动物门（Chordata）、硬骨鱼纲（Osteichthyes）、鲤形目（Cypriniformes）、鲤科（Cyprinidae）、草鱼属（*Ctenopharyngodon*）。

地位作用 草鱼是我国淡水鱼类主养种，在淡水鱼中养殖产量最高。主要用途为食用。

养殖分布 草鱼主要在我国华南、华中、华东、西南等地区养殖，包括：广东、湖北、湖南、江西、江苏、广西、四川、安徽、山东、福建、河南、重庆、辽宁、浙江、云南、黑龙江、新疆、宁夏、贵州、陕西、河北、天津、上海、吉林、山西、内蒙古、甘肃、海南、北京、青海、西藏等。

养殖模式 草鱼的养殖水体为淡水，主要养殖模式包括池塘养殖、大水面增养殖等，主要作为主养种与鲢、鳙混养，也可与团头鲂、鲫等混养。

开发利用情况 草鱼为本土种，是我国传统养殖种类。草鱼首先在我国被开发成养殖种，距今已有1 700多年的历史，20世纪60年代解决了其人工苗种繁育技术。全国共普查到971个繁育主体开展该资源的活体保种和/或苗种生产。

3.鲢（*Hypophthalmichthys molitrix*）

俗名 白鲢、鲢子、白脚鲢、跳鲢、鲦鱼、洋胖子（四川）、白胖头、白叶等。

（沙航　提供）

分类地位 动物界（Animalia）、脊索动物门（Chordata）、硬骨鱼纲（Osteichthyes）、鲤形目（Cypriniformes）、鲤科（Cyprinidae）、鲢属（*Hypophthalmichthys*）。

地位作用 鲢是我国淡水鱼类主养种，在淡水鱼中总产量仅次于草鱼。主要用途为食用和环境生物调控。

养殖分布 鲢主要在我国华中、华东、西南、华南、东北、华北、西北等地区养殖，包括：湖北、江苏、湖南、四川、江西、安徽、广西、广东、河南、山东、浙江、黑龙江、重庆、辽宁、福建、吉林、云南、河北、陕西、贵州、新疆、天津、宁夏、内蒙古、山西、上海、海南、甘肃、北京、青海、西藏等。

养殖模式 鲢的养殖水体为淡水，主要养殖模式包括池塘养殖、大水面增养殖等，主要作为滤食性鱼类与草鱼、鲤、鲫、鳊等混养。

开发利用情况 鲢为本土种，是我国传统养殖种类。鲢养殖历史悠久，距今已有1 000多年，20世纪50年代解决了其人工苗种繁育技术。已有长丰鲢和津鲢2个品种通过全国水产原种和良种审定委员会审定。全国共普查到831个繁育主体开展该资源的活体保种和/或苗种生产。

4. 长丰鲢（*Hypophthalmichthys molitrix*）

俗名 白鲢、鲢子、白脚鲢、跳鲢、洋胖子（四川）、白胖头、白叶等。

（沙航 提供）

分类地位 动物界（Animalia）、脊索动物门（Chordata）、硬骨鱼纲（Osteichthyes）、鲤形目（Cypriniformes）、鲤科（Cyprinidae）、鲢属（*Hypophthalmichthys*）。

地位作用 长丰鲢是我国培育的第1批鲢品种，主选性状是生长速度，体形较高且整齐、遗传纯度高。2龄鱼体重增长平均比普通鲢快13.3%～17.9%，3龄鱼体重增长平均比普通鲢快20.5%。主要用途为食用和环境生物调控。

养殖分布 长丰鲢主要在我国西南、西北、华中、东北等地区养殖，包括：北京、天津、河北、山西、内蒙古、辽宁、吉林、黑龙江、江苏、安徽、福建、江西、山东、河南、湖北、湖南、广西、重庆、四川、贵州、云南、陕西、甘肃、宁夏、新疆、新疆生产建设兵团等。

养殖模式 长丰鲢的养殖水体为人工可控的淡水水域，主要养殖模式包括池塘养殖、大水面增养殖等，主要作为滤食性鱼类与草鱼、鲤、鲫、鳊等混养。

开发利用情况 长丰鲢为培育种，由中国水产科学研究院长江水产研究所培育，2010年通过全国水产原种和良种审定委员会审定。全国共普查到15个繁育主体开展该资源的活体保种和/或苗种生产。

5. 津鲢（*Hypophthalmichthys molitrix*）

俗名 白鲢、鲢子、白脚鲢、跳鲢、洋胖子（四川）、白胖头、白叶等。

分类地位 动物界（Animalia）、脊索动物门（Chordata）、硬骨鱼纲（Osteichthyes）、鲤形目（Cypriniformes）、鲤科（Cyprinidae）、鲢属（*Hypophthalmichthys*）。

地位作用 津鲢是我国培育的第1批鲢品种，主选性状是形态特征、生长速度和繁殖力，经6代群体选育，该品种与长江鲢相比生长速度快、体形高。1龄鱼生长速度提高13.2%，2龄鱼生长速度提高10.2%，雌鱼绝对繁殖力和相对繁殖力分别提高74.0%和45.3%。主要用途为食用和环境生物调控。

养殖分布 津鲢主要在我国华北、东北、华东、西南、西北等地区养殖，包括：北京、天津、河北、内蒙古、辽宁、吉林、黑龙江、江苏、浙江、安徽、山东、湖北、广西、重庆、四川、贵州、云南、新疆等。

养殖模式 津鲢的养殖水体为人工可控的淡水水域，主要养殖模式包括池塘养殖、大水面增养殖等，主要作为滤食性鱼类与草鱼、鲤、鲫、鳊等混养。

开发利用情况 津鲢为培育种，由天津换新水产良种场培育，2010年通过全国水产原种和良种审定委员会审定。全国共普查到2个繁育主体开展该资源的活体保种和/或苗种生产。

6.鳙（*Hypophthalmichthys nobilis*）

俗名 花鲢、大头鲢、胖头鱼、黑鲢、麻鲢、黄鲢、皂鲢、松鱼、黑包头鱼、雄鱼等。

（汪登强 提供）

  分类地位 动物界（Animalia）、脊索动物门（Chordata）、硬骨鱼纲（Osteichthyes）、鲤形目（Cypriniformes）、鲤科（Cyprinidae）、鲢属（*Hypophthalmichthys*）。

  地位作用 鳙是我国淡水鱼类主养种，在淡水鱼中总产量仅次于草鱼和鲢。主要用途为食用和环境生物调控。

  养殖分布 鳙主要在我国华中、华东、华南、西南、东北、西北、华北等地区养殖，包括：湖北、江西、广东、湖南、江苏、安徽、四川、广西、河南、山东、浙江、福建、重庆、黑龙江、云南、辽宁、吉林、贵州、陕西、河北、内蒙古、宁夏、天津、新疆、上海、海南、山西、甘肃、北京、西藏等。

  养殖模式 鳙的养殖水体为淡水，主要养殖模式包括池塘养殖、大水面增养殖等，主要作为滤食性鱼类与草鱼、鲤、鲫、鳊等混养。

  开发利用情况 鳙为本土种，是我国传统养殖种类。鳙养殖历史悠久，距今已有1 000多年，20世纪50年代末我国解决了其人工苗种繁育技术。全国共普查到802个繁育主体开展该资源的活体保种和/或苗种生产。

7.鲤（*Cyprinus carpio*）

俗名 鲤拐子、鲤子、毛子。

（董在杰 提供）

分类地位 动物界（Animalia）、脊索动物门（Chordata）、硬骨鱼纲（Osteichthyes）、鲤形目（Cypriniformes）、鲤科(Cyprinidae)、鲤属（*Cyprinus*）。

地位作用 鲤是我国淡水鱼类主养种。主要用途为食用和观赏等。

养殖分布 鲤主要在我国东北、华东、西南、华中、华南、华北、西北等地区养殖，包括：辽宁、黑龙江、山东、四川、江苏、广西、湖南、河南、江西、云南、河北、湖北、贵州、安徽、广东、天津、宁夏、福建、吉林、陕西、重庆、内蒙古、浙江、新疆、新疆生产建设兵团、山西、北京、甘肃、海南、上海等。

养殖模式 鲤的养殖水体为淡水，主要养殖模式包括池塘养殖、网箱养殖、稻田养殖、盐碱地池塘养殖等，主要作为主养种与鲢、鳙混养，也可与团头鲂、鲫等混养。

开发利用情况 鲤为本土种，养殖历史悠久，距今已有2400多年。新中国成立后，解决了其人工苗种繁育技术，已有颖鲤、三杂交鲤、芙蓉鲤、禾花鲤"乳源1号"、建鲤2号等品种通过全国水产原种和良种审定委员会审定。全国共普查到681个繁育主体开展该资源的活体保种和/或苗种生产。

8. 颖鲤

俗名 鲤拐子。

分类地位 杂交种，亲本来源为散鳞镜鲤（♀）×鲤鲫移核鱼（♂）。

地位作用 颖鲤是我国培育的第1批鲤品种，主选性状是生长速度，当年个体增重速度平均比双亲快47%，2龄个体增重速度平均比双亲快60.1%。主要用途为食用。

养殖分布 颖鲤主要在我国华中、西南、华东、华北、华南等地区养殖，包括：河北、山西、辽宁、江苏、安徽、河南、湖北、广东、广西、重庆、四川、云南、陕西等。

养殖模式 颖鲤的养殖水体为人工可控的淡水水域，主要养殖模式包括池塘养殖、网箱养殖等，主要作为主养种与鲢、鳙混养，也可与团头鲂、鲫等混养。

开发利用情况 颖鲤为培育种，由中国水产科学研究院长江水产研究所选育，1996年通过全国水产原种和良种审定委员会审定。全国共普查到4个繁育主体开展该资源的活体保种和/或苗种生产。

9. 三杂交鲤（*Cyprinus carpio*）

俗名 鲤拐子。

分类地位 杂交种，亲本来源为荷元鲤（♀）×散鳞镜鲤（♂）。

地位作用 三杂交鲤是我国培育的第1批鲤品种，主选性状是生长速度，其头小体厚，体长较单杂交种荷元鲤长，具有较强的杂交优势。主要用途为食用。

养殖分布 三杂交鲤主要在我国东北、西南、华中等地区养殖，包括：内蒙古、辽宁、吉林、黑龙江、江苏、浙江、安徽、福建、江西、河南、湖北、湖南、广东、广西、重庆、四川、贵州、云南、陕西等。

养殖模式 三杂交鲤的养殖水体为人工可控的淡水水域，主要养殖模式包括池塘养殖、网箱养殖、稻田养殖等，主要作为主养种与鲢、鳙混养，也可与鲫等混养。

开发利用情况 三杂交鲤为培育种，由中国水产科学研究院长江水产研究所培育，1996年通过全国水产原种和良种审定委员会审定。全国共普查到7个繁育主体开展该资源的活体保种和/或苗种生产。

10. 芙蓉鲤（*Cyprinus carpio*）

俗名 鲤拐子。

分类地位 杂交种，亲本来源为散鳞镜鲤（♀）×兴国红鲤（♂）。

地位作用 芙蓉鲤是我国培育的第1批鲤品种，主选性状是生长速度和耐低温，与亲本相比具有杂交优势，生长速度比母本快40%左右，比父本快60%左右。主要用途为食用。

养殖分布 芙蓉鲤主要在我国华中、西南等地区养殖，包括：河北、内蒙古、吉林、江苏、浙江、安徽、福建、江西、河南、湖南、广东、广西、重庆、四川、贵州、云南、陕西、新疆等。

养殖模式 芙蓉鲤的养殖水体为人工可控的淡水水域，主要养殖模式包括池塘养殖、网箱养殖、稻田养殖等，主要作为主养种与鲢、鳙混养，也可与鲫等混养。

开发利用情况 芙蓉鲤为培育种，由湖南省水产研究所培育，1996年通过全国水产原种和良种审定委员会审定。全国共普查到8个繁育主体开展该资源的活体保种和/或苗种生产。

11.兴国红鲤（*Cyprinus carpio*）

俗名 金狮红鲤、金丝鲤。

（董在杰 提供）

分类地位 动物界（Animalia）、脊索动物门（Chordata）、硬骨鱼纲（Osteichthyes）、鲤形目（Cypriniformes）、鲤科(Cyprinidae)、鲤属（*Cyprinus*）。

地位作用 兴国红鲤是我国培育的第1批鲤品种，主选性状是生长速度和体色，生长速度比选育前提高10%，红色个体数占群体总数的86.6%，体形遗传稳定性达到98.6%。主要用途为食用和观赏。

养殖分布 兴国红鲤主要在我国华东、西南、华南等地区养殖，包括：天津、内蒙古、辽宁、吉林、江苏、浙江、安徽、福建、江西、山东、河南、湖北、湖南、广东、广西、海南、重庆、四川、贵州、云南、陕西、甘肃、宁夏等。

养殖模式 兴国红鲤的养殖水体为人工可控的淡水水域，主要养殖模式包括池塘养殖、稻田养殖等，主要作为主养种与鲢、鳙混养，也可与鲫等混养。

开发利用情况 兴国红鲤为培育种，由兴国县红鲤繁殖场和江西大学联合培育，1996年通过全国水产原种和良种审定委员会审定。全国共普查到27个繁育主体开展该资源的活体保种和/或苗种生产。

12.荷包红鲤（*Cyprinus carpio*）

俗名 红荷包、红鲤。

（董在杰 提供）

分类地位 动物界（Animalia）、脊索动物门（Chordata）、硬骨鱼纲（Osteichthyes）、鲤形目（Cypriniformes）、鲤科(Cyprinidae)、鲤属（*Cyprinus*）。

地位作用 荷包红鲤是我国培育的第1批鲤品种，主选性状是体色。经过6代定向选育，纯红个体占比达到89.54%。主要用途为食用和观赏。

养殖分布 荷包红鲤主要在我国华东、华北、华中、西南等地区养殖，包括：山西、内蒙古、江苏、浙江、安徽、福建、江西、山东、河南、湖北、湖南、广西、海南、重庆、云南、陕西、甘肃、宁夏等。

养殖模式 荷包红鲤的养殖水体为人工可控的淡水水域，主要养殖模式包括池塘养殖、稻田养殖等，主要作为主养种与鲢、鳙混养，也可与鲫等混养。

开发利用情况 荷包红鲤为培育种，由婺源县荷包红鲤研究所和江西大学联合培育，1996年通过全国水产原种和良种审定委员会审定。全国共普查到10个繁育主体开展该资源的活体保种和/或苗种生产。

13.建鲤（*Cyprinus carpio*）

俗名 鲤拐子。

（张建森　提供）

　　分类地位 动物界（Animalia）、脊索动物门（Chordata）、硬骨鱼纲（Osteichthyes）、鲤形目（Cypriniformes）、鲤科(Cyprinidae)、鲤属（*Cyprinus*）。

　　地位作用 建鲤是我国培育的第1批鲤品种，主选性状是生长速度，相同养殖条件下，生长速度较荷包红鲤、元江鲤和荷元鲤分别快49.75%、46.8%和28.9%。经过6代定向选育，遗传性状稳定、食性广、抗逆性强。主要用途为食用。

　　养殖分布 建鲤主要在我国东北、华北、西北、华中等地区养殖，包括：北京、天津、河北、山西、内蒙古、辽宁、吉林、黑龙江、江苏、浙江、安徽、福建、江西、山东、河南、湖北、湖南、广东、广西、重庆、四川、贵州、云南、陕西、甘肃、宁夏、新疆、新疆生产建设兵团等。

　　养殖模式 建鲤的养殖水体为人工可控的淡水水域，主要养殖模式包括池塘养殖、网箱养殖、稻田养殖等，主要作为主养种与鲢、鳙混养，也可与团头鲂、鲫等混养。

　　开发利用情况 建鲤为培育种，由中国水产科学研究院淡水渔业研究中心培育，1996年通过全国水产原种和良种审定委员会审定。全国共普查到125个繁育主体开展该资源的活体保种和/或苗种生产。

14.荷包红鲤抗寒品系（*Cyprinus carpio*）

俗名 红荷包、红鲤。

分类地位 动物界（Animalia）、脊索动物门（Chordata）、硬骨鱼纲（Osteichthyes）、鲤形目（Cypriniformes）、鲤科(Cyprinidae)、鲤属（*Cyprinus*）。

地位作用 荷包红鲤抗寒品系是我国培育的第1批鲤品种，主选性状是抗寒能力和生长速度，抗寒能力提高到95%以上，生长速度比亲本快10%。主要用途为食用和观赏。

养殖分布 荷包红鲤抗寒品系主要在我国东北、华东等地区养殖，包括：辽宁、黑龙江、福建、江西、湖北等。

养殖模式 荷包红鲤抗寒品系的养殖水体为人工可控的淡水水域，主要养殖模式包括池塘养殖等，主要作为主养种与鲢、鳙混养，也可与鲫等混养。

开发利用情况 荷包红鲤抗寒品系为培育种，由中国水产科学研究院黑龙江水产研究所培育，1996年通过全国水产原种和良种审定委员会审定。全国共普查到1个繁育主体开展该资源的活体保种和/或苗种生产。

15. 德国镜鲤 (*Cyprinus carpio*)

俗名 三道鳞。

分类地位 动物界（Animalia）、脊索动物门（Chordata）、硬骨鱼纲（Osteichthyes）、鲤形目（Cypriniformes）、鲤科（Cyprinidae）、鲤属（*Cyprinus*）。

地位作用 德国镜鲤是我国淡水鱼类主养种。主要用途为食用。

养殖分布 德国镜鲤主要在我国东北、西南等地区养殖，包括：天津、河北、内蒙古、辽宁、吉林、黑龙江、山东、广东、广西、重庆、四川等。

养殖模式 德国镜鲤的养殖水体为人工可控的淡水水域，主要养殖模式包括池塘养殖、网箱养殖等，主要作为主养种与鲢、鳙混养，也可与鲫等混养。

开发利用情况 德国镜鲤为引进种，自然分布于德国的巴伐利亚州，我国20世纪80年代从德国引进该品种，90年代解决其人工苗种繁育技术，主要作为育种材料使用，已有德国镜鲤选育系、松浦镜鲤、津新红镜鲤3个品种通过全国水产原种和良种审定委员会审定。

16.德国镜鲤选育系（*Cyprinus carpio*）

俗名 三道鳞。

（李池陶　提供）

分类地位 动物界（Animalia）、脊索动物门（Chordata）、硬骨鱼纲（Osteichthyes）、鲤形目（Cypriniformes）、鲤科(Cyprinidae)、鲤属（*Cyprinus*）。

地位作用 德国镜鲤选育系是我国培育的第1批品种，主选性状是生长速度、抗病力、抗寒能力等，选育出的F_4比原种F_1生长速度提高10.8%，抗病能力提高25.6%，池塘饲养成活率达到98.5%，抗寒力达到96.3%，比原种提高33.8%。主要用途为食用。

养殖分布 德国镜鲤选育系主要在我国东北、西北、华北等地区养殖，包括：河北、山西、内蒙古、辽宁、吉林、黑龙江、江苏、安徽、河南、湖南、广西、重庆、四川、贵州、云南、陕西、新疆等。

养殖模式 德国镜鲤选育系的养殖水体为人工可控的淡水水域，主要养殖模式包括池塘养殖、网箱养殖等，主要作为主养种与鲢、鳙混养，也可与鲫等混养。

开发利用情况 德国镜鲤选育系为培育种，由中国水产科学研究院黑龙江水产研究所培育，1996年通过全国水产原种和良种审定委员会审定。全国共普查到4个繁育主体开展该资源的活体保种和/或苗种生产。

17.松浦鲤（*Cyprinus carpio*）

俗名 鲤拐子。

分类地位 动物界（Animalia）、脊索动物门（Chordata）、硬骨鱼纲（Osteichthyes）、鲤形目（Cypriniformes）、鲤科（Cyprinidae）、鲤属（*Cyprinus*）。

地位作用 松浦鲤是我国培育的鲤品种，主选性状是生长速度和成活率。在相同养殖条件下，松浦鲤1龄鱼平均体重比原种荷包红鲤高94.3%，比黑龙江野鲤高50.95%；2龄鱼平均体重比原种荷包红鲤高103.3%，比黑龙江野鲤高20.7%；在北方地区，自然越冬成活率在95%以上。主要用途为食用。

养殖分布 松浦鲤主要在我国东北、华北、西南等地区养殖，包括：内蒙古、辽宁、黑龙江、贵州、云南等。

养殖模式 松浦鲤的养殖水体为人工可控的淡水水域，主要养殖模式包括池塘养殖、网箱养殖等，主要作为主养种与鲢、鳙混养，也可与鲫等混养。

开发利用情况 松浦鲤为培育种，由中国水产科学研究院黑龙江水产研究所、哈尔滨市水产研究所、黑龙江省嫩江水产研究所等单位联合培育，1997年通过全国水产原种和良种审定委员会审定。全国共普查到2个繁育主体开展该资源的活体保种和/或苗种生产。

18.万安玻璃红鲤（*Cyprinus carpio*）

俗名　玻璃红鲤、红鲤。

（李福贵　提供）

分类地位　动物界（Animalia）、脊索动物门（Chordata）、硬骨鱼纲（Osteichthyes）、鲤形目（Cypriniformes）、鲤科(Cyprinidae)、鲤属（*Cyprinus*）。

地位作用　万安玻璃红鲤是我国培育的鲤品种，主选性状是体色和产量，体色全红个体占比为83.64%，较普通鲤鱼增产21.4%。主要用途为观赏和食用。

养殖分布　万安玻璃红鲤主要在我国华东、西南等地区养殖，包括：江西、重庆等。

养殖模式　万安玻璃红鲤的养殖水体为人工可控的淡水水域，主要养殖模式包括池塘养殖、网箱养殖等，主要作为主养种与鲢、鳙混养，也可与鲫等混养。

开发利用情况　万安玻璃红鲤为培育种，由江西省万安玻璃红鲤良种场培育，2000年通过全国水产原种和良种审定委员会审定。全国共普查到2个繁育主体开展该资源的活体保种和/或苗种生产。

19.湘云鲤

俗名 工程鲤。

分类地位 杂交种，亲本来源为鲫鲤杂交四倍体鱼（♂）×丰鲤（♀）。

地位作用 湘云鲤是我国培育的鲤品种，主选性状是生长速度和含肉率，生长速度比普通鲤快30%～40%，含肉率高出普通鲤10%～15%。主要用途为食用。

养殖分布 湘云鲤主要在我国华中、西南、东北等地区养殖，包括：山西、黑龙江、江苏、浙江、安徽、江西、河南、湖北、湖南、广东、广西、重庆、四川、贵州、云南等。

养殖模式 湘云鲤的养殖水体为人工可控的淡水水域，主要养殖模式包括池塘养殖、网箱养殖、稻田养殖等，主要作为主养种与鲢、鳙混养，也可与鲫等混养。

开发利用情况 湘云鲤为培育种，由湖南师范大学、湘阴县东湖渔场等单位联合培育，2001年通过全国水产原种和良种审定委员会审定。全国共普查到5个繁育主体开展该资源的活体保种和/或苗种生产。

20.松荷鲤（*Cyprinus carpio*）

俗名 高寒鲤。

分类地位 动物界（Animalia）、脊索动物门（Chordata）、硬骨鱼纲（Osteichthyes）、鲤形目（Cypriniformes）、鲤科(Cyprinidae)、鲤属（*Cyprinus*）。

地位作用 松荷鲤是我国培育的鲤品种，主选性状是抗寒能力和生长速度，冰下自然越冬存活率在95%以上，生长速度比黑龙江鲤快91.2%以上。主要用途为食用。

养殖分布 松荷鲤主要在我国东北、华东等地区养殖，包括：辽宁、黑龙江、江西等。

养殖模式 松荷鲤的养殖水体为人工可控的淡水水域，主要养殖模式包括池塘养殖、网箱养殖等，主要作为主养种与鲢、鳙混养，也可与鲫等混养。

开发利用情况 松荷鲤为培育种，由中国水产科学研究院黑龙江水产研究所培育，2003年通过全国水产原种和良种审定委员会审定。全国共普查到5个繁育主体开展该资源的活体保种和/或苗种生产。

21.墨龙鲤（*Cyprinus carpio*）

俗名 锦鲤。

分类地位 动物界（Animalia）、脊索动物门（Chordata）、硬骨鱼纲（Osteichthyes）、鲤形目（Cypriniformes）、鲤科（Cyprinidae）、鲤属（*Cyprinus*）。

地位作用 墨龙鲤是我国培育的锦鲤品种，主选性状是体色，体背、体侧及各鳍均为墨黑色，腹部灰白色，其黑色体色遗传稳定在87%以上。主要用途为观赏。

养殖分布 墨龙鲤主要在我国天津等地区养殖。

养殖模式 墨龙鲤的养殖水体为人工可控的淡水水域，主要养殖模式包括池塘养殖、循环水系统养殖等，主要为单养，也可作为主养种与鲫混养。

开发利用情况 墨龙鲤为培育种，由天津市换新水产良种场培育，2003年通过全国水产原种和良种审定委员会审定。全国共普查到1个繁育主体开展该资源的活体保种和/或苗种生产。

22.豫选黄河鲤（*Cyprinus carpio*）

俗名 鲤拐子、黄河鲤。

分类地位 动物界（Animalia）、脊索动物门（Chordata）、硬骨鱼纲（Osteichthyes）、鲤形目（Cypriniformes）、鲤科（Cyprinidae）、鲤属（*Cyprinus*）。

地位作用 豫选黄河鲤是我国培育的鲤品种，主选性状是体色和生长速度，体色鲜艳、金鳞赤尾，子代的红体色和不规则鳞表现率已降至1%以下，生长速度比选育前提高了36%以上。主要用途为食用。

养殖分布 豫选黄河鲤主要在我国华中、东北、华北、华东、西北等地区养殖，包括：山西、内蒙古、吉林、江苏、安徽、福建、山东、河南、湖北、广西、云南、陕西、甘肃、宁夏等。

养殖模式 豫选黄河鲤的养殖水体为人工可控的淡水水域，主要养殖模式包括池塘养殖、网箱养殖、稻田养殖等，主要作为主养种与鲢、鳙混养，也可与鲫等混养。

开发利用情况 豫选黄河鲤为培育种，由河南省水产科学研究院培育，2004年通过全国水产原种和良种审定委员会审定。全国共普查到22个繁育主体开展该资源的活体保种和/或苗种生产。

23.乌克兰鳞鲤（*Cyprinus carpio*）

俗名 俄罗斯鲤、超级鲤。

分类地位 动物界（Animalia）、脊索动物门（Chordata）、硬骨鱼纲（Osteichthyes）、鲤形目（Cypriniformes）、鲤科(Cyprinidae)、鲤属（*Cyprinus*）。

地位作用 乌克兰鳞鲤是我国淡水鱼类主养种。主要用途为食用。

养殖分布 乌克兰鳞鲤主要在我国华北、东北、华东、西南、西北等地区养殖，包括：天津、山西、内蒙古、黑龙江、江苏、云南、新疆等。

养殖模式 乌克兰鳞鲤的养殖水体为人工可控的淡水水域，主要养殖模式包括池塘养殖、网箱养殖等，主要作为主养种与鲢、鳙混养，也可与鲫等混养。

开发利用情况 乌克兰鳞鲤为引进种，自然分布于俄罗斯，我国20世纪90年代后期从俄罗斯引进该品种，已有津新鲤2号1个品种通过全国水产原种和良种审定委员会审定。

24. 津新鲤（*Cyprinus carpio*）

俗名 鲤拐子。

分类地位 动物界（Animalia）、脊索动物门（Chordata）、硬骨鱼纲（Osteichthyes）、鲤形目（Cypriniformes）、鲤科(Cyprinidae)、鲤属（*Cyprinus*）。

地位作用 津新鲤是我国培育的鲤品种，主选性状是抗寒能力、繁殖力、生长速度等。适温范围广，生存水温1～38℃，绝对怀卵量提高131%，生长速度提高6.21%。主要用途为食用。

养殖分布 津新鲤主要在我国华北、东北、华东、西南等地区养殖，包括：北京、天津、河北、山西、内蒙古、辽宁、吉林、黑龙江、江苏、安徽、山东、河南、广西、四川、云南、陕西、宁夏、新疆生产建设兵团等。

养殖模式 津新鲤的养殖水体为人工可控的淡水水域，主要养殖模式包括池塘养殖、网箱养殖等，主要作为主养种与鲢、鳙混养，也可与鲫等混养。

开发利用情况 津新鲤为培育种，由天津市换新水产良种场培育，2006年通过全国水产原种和良种审定委员会审定。全国共普查到7个繁育主体开展该资源的活体保种和/或苗种生产。

25.松浦镜鲤（*Cyprinus carpio*）

俗名 框镜、裸镜。

分类地位 动物界（Animalia）、脊索动物门（Chordata）、硬骨鱼纲（Osteichthyes）、鲤形目（Cypriniformes）、鲤科(Cyprinidae)、鲤属（*Cyprinus*）。

地位作用 松浦镜鲤是我国培育的鲤品种，主选性状是生长速度、抗寒能力、繁殖力等。与德国镜鲤选育系F_4相比，生长速度快30%以上，1龄鱼和2龄鱼平均越冬成活率提高8.86%和3.36%，3龄鱼和4龄鱼平均相对怀卵量提高56.17%和88.17%。主要用途为食用。

养殖分布 松浦镜鲤主要在我国西北、西南、东北等地区养殖，包括：北京、河北、山西、内蒙古、辽宁、吉林、黑龙江、安徽、河南、湖南、广西、重庆、四川、贵州、云南、陕西、甘肃、宁夏、新疆等。

养殖模式 松浦镜鲤的养殖水体为人工可控的淡水水域，主要养殖模式包括池塘养殖、网箱养殖等，主要作为主养种与鲢、鳙混养，也可与鲫等混养。

开发利用情况 松浦镜鲤为培育种，由中国水产科学研究院黑龙江水产研究所培育，2008年通过全国水产原种和良种审定委员会审定。全国共普查到41个繁育主体开展该资源的活体保种和/或苗种生产。

26.福瑞鲤（*Cyprinus carpio*）

俗名 鲤拐子。

  分类地位 动物界（Animalia）、脊索动物门（Chordata）、硬骨鱼纲（Osteichthyes）、鲤形目（Cypriniformes）、鲤科(Cyprinidae)、鲤属（*Cyprinus*）。

  地位作用 福瑞鲤是我国培育的鲤品种，主选性状是生长速度，在相同养殖条件下，比普通鲤提高20%以上，比建鲤提高13.4%。体形较好，体长/体高约3.65。主要用途为食用。

  养殖分布 福瑞鲤主要在我国华北、西北、西南、华中、华东等地区养殖，包括：北京、天津、河北、山西、内蒙古、辽宁、吉林、黑龙江、江苏、安徽、福建、山东、河南、湖北、湖南、广西、重庆、四川、贵州、云南、陕西、甘肃、宁夏、新疆等。

  养殖模式 福瑞鲤的养殖水体为人工可控的淡水水域，主要养殖模式包括池塘养殖、网箱养殖等，主要作为主养种与鲢、鳙混养，也可与鲫等混养。

  开发利用情况 福瑞鲤为培育种，由中国水产科学研究院淡水渔业研究中心培育，2010年通过全国水产原种和良种审定委员会审定。全国共普查到49个繁育主体开展该资源的活体保种和/或苗种生产。

27.松浦红镜鲤（*Cyprinus carpio*）

俗名 红镜鲤。

分类地位 动物界（Animalia）、脊索动物门（Chordata）、硬骨鱼纲（Osteichthyes）、鲤形目（Cypriniformes）、鲤科(Cyprinidae)、鲤属（*Cyprinus*）。

地位作用 松浦红镜鲤是我国培育的鲤品种，主选性状是生长速度、成活率和抗寒能力，在相同养殖条件下，与荷包红鲤抗寒品系相比，1龄鱼、2龄鱼生长速度分别提高21.61%和35.59%，平均成活率分别提高12.93%和12.15%，平均越冬成活率提高9.27%和8.55%。主要用途为食用和观赏。

养殖分布 松浦红镜鲤主要在我国西南、东北、西北、华北等地区养殖，包括：北京、辽宁、黑龙江、重庆、四川、贵州、云南、甘肃等。

养殖模式 松浦红镜鲤的养殖水体为人工可控的淡水水域，主要养殖模式包括池塘养殖、网箱养殖等，主要作为主养种与鲢、鳙混养，也可与鲫等混养。

开发利用情况 松浦红镜鲤为培育种，由中国水产科学研究院黑龙江水产研究所培育，2011年通过全国水产原种和良种审定委员会审定。全国共普查到3个繁育主体开展该资源的活体保种和/或苗种生产。

28. 瓯江彩鲤 "龙申1号" (*Cyprinus carpio*)

俗名 龙申1号、田鱼。

（王成辉 提供）

分类地位 动物界（Animalia）、脊索动物门（Chordata）、硬骨鱼纲（Osteichthyes）、鲤形目（Cypriniformes）、鲤科（Cyprinidae）、鲤属（*Cyprinus*）。

地位作用 瓯江彩鲤 "龙申1号" 是我国培育的鲤品种，主选性状是体色和生长性能，经连续6代选育，5种基本体色重合度达到91.55%～100%，生长速度提高13.68%～24.65%。主要用途为食用和观赏。

养殖分布 瓯江彩鲤 "龙申1号" 主要在我国华东、东北、华中、西北等地区养殖，包括：吉林、浙江、湖北、湖南、宁夏、新疆等。

养殖模式 瓯江彩鲤 "龙申1号" 的养殖水体为人工可控的淡水水域，主要养殖模式包括稻田养殖、池塘养殖等，主要为单养，也可作为主养种与鲢、鳙等混养。

开发利用情况 瓯江彩鲤 "龙申1号" 为培育种，由上海海洋大学、浙江龙泉省级瓯江彩鲤良种场等单位联合培育，2011年通过全国水产原种和良种审定委员会审定。全国共普查到5个繁育主体开展该资源的活体保种和/或苗种生产。

29.津新鲤2号（*Cyprinus carpio*）

俗名 超级鲤、鲤拐子。

分类地位 杂交种，亲本来源为乌克兰鳞鲤（♀）×津新鲤（♂）。

地位作用 津新鲤2号是我国培育的鲤品种，主选性状是生长速度，在相同养殖条件下，1龄鱼平均体重比父本和母本分别提高52.0％和21.3％，2龄鱼平均体重比父本和母本分别提高53.3％和24.8％，养殖成活率可达98.0％，比其他鲤性成熟晚1～2年。主要用途为食用。

养殖分布 津新鲤2号主要在我国华东、东北、华北、西南等地区养殖，包括：天津、河北、山西、内蒙古、辽宁、吉林、黑龙江、江苏、福建、山东、河南、湖北、广东、广西、重庆、四川、云南、陕西、宁夏、新疆、新疆生产建设兵团等。

养殖模式 津新鲤2号的养殖水体为人工可控的淡水水域，主要养殖模式包括池塘养殖、网箱养殖等，主要作为主养种与鲢、鳙混养，也可与鲫等混养。

开发利用情况 津新鲤2号为培育种，由天津市换新水产良种场培育，2014年通过全国水产原种和良种审定委员会审定。全国共普查到4个繁育主体开展该资源的活体保种和/或苗种生产。

30. 易捕鲤（*Cyprinus carpio*）

俗名 鲤拐子。

（石连玉　提供）

分类地位 动物界（Animalia）、脊索动物门（Chordata）、硬骨鱼纲（Osteichthyes）、鲤形目（Cypriniformes）、鲤科(Cyprinidae)、鲤属（*Cyprinus*）。

地位作用 易捕鲤是我国培育的鲤品种，主选性状是起捕率。在相同养殖条件下，1龄鱼两网起捕率为93.4%，比黑龙江鲤和松浦镜鲤分别提高113.4%和38.7%；2龄鱼两网起捕率为96.5%，比黑龙江鲤、松浦镜鲤和松荷鲤分别提高96.7%、56.1%和71.3%；生长速度和成活率与松荷鲤相近。主要用途为食用。

养殖分布 易捕鲤主要在我国西北、西南、东北等地区养殖，包括：辽宁、黑龙江、贵州、云南、新疆等。

养殖模式 易捕鲤的养殖水体为人工可控的淡水水域，主要养殖模式包括池塘养殖、大水面养殖、网箱养殖等，主要作为主养种与鲢、鳙混养，也可与鲫等混养。

开发利用情况 易捕鲤为培育种，由中国水产科学研究院黑龙江水产研究所培育，2014年通过全国水产原种和良种审定委员会审定。全国共普查到2个繁育主体开展该资源的活体保种和/或苗种生产。

31.福瑞鲤2号（*Cyprinus carpio*）

俗名 鲤拐子。

（董在杰　提供）

　　分类地位 动物界（Animalia）、脊索动物门（Chordata）、硬骨鱼纲（Osteichthyes）、鲤形目（Cypriniformes）、鲤科（Cyprinidae）、鲤属（*Cyprinus*）。

　　地位作用 福瑞鲤2号是我国培育的鲤品种，主选性状是生长速度和成活率，在相同养殖条件下，养殖16个月的福瑞鲤2号生长速度和同龄普通养殖鲤相比平均提高22.9%，成活率平均提高6.5%。主要用途为食用。

　　养殖分布 福瑞鲤2号主要在我国华北、东北、华东、西南、西北、华中等地区养殖，包括：北京、天津、河北、山西、辽宁、吉林、黑龙江、江苏、安徽、福建、山东、河南、湖北、广西、重庆、四川、贵州、云南、陕西、宁夏、新疆等。

　　养殖模式 福瑞鲤2号的养殖水体为人工可控的淡水水域，主要养殖模式包括池塘养殖、网箱养殖、稻田养殖等，主要作为主养种与鲢、鳙混养，也可与鲫等混养。

　　开发利用情况 福瑞鲤2号为培育种，由中国水产科学研究院淡水渔业研究中心培育，2017年通过全国水产原种和良种审定委员会审定。全国共普查到18个繁育主体开展该资源的活体保种和/或苗种生产。

32.津新红镜鲤（*Cyprinus carpio*）

俗名　红镜鲤。

分类地位　动物界（Animalia）、脊索动物门（Chordata）、硬骨鱼纲（Osteichthyes）、鲤形目（Cypriniformes）、鲤科(Cyprinidae)、鲤属（*Cyprinus*）。

地位作用　津新红镜鲤是我国培育的鲤品种，主选性状是金红体色，金红色性状比例达100%。主要用途为食用和观赏。

养殖分布　津新红镜鲤主要在我国华北、华中等地区养殖，包括：天津、河南等。

养殖模式　津新红镜鲤的养殖水体为人工可控的淡水水域，主要养殖模式包括池塘养殖、网箱养殖等，主要作为主养种与鲢、鳙混养，也可与鲫等混养。

开发利用情况　津新红镜鲤为培育种，由天津市换新水产良种场培育，2018年通过全国水产原种和良种审定委员会审定。全国共普查到1个繁育主体开展该资源的活体保种和/或苗种生产。

33.禾花鲤"乳源1号"（*Cyprinus carpio*）

俗名 乳源1号、禾花鲤。

分类地位 动物界（Animalia）、脊索动物门（Chordata）、硬骨鱼纲（Osteichthyes）、鲤形目（Cypriniformes）、鲤科(Cyprinidae)、鲤属（*Cyprinus*）。

地位作用 禾花鲤"乳源1号"是我国培育的鲤品种，主选性状是生长速度和体形，在相同养殖条件下，与当地养殖的普通禾花鲤相比，6月龄鱼生长速度平均提高27.6%；体长/体高和尾柄长/尾柄高分别平均降低25.8%和22.5%，体形短圆、跳跃能力弱。主要用途为食用。

养殖分布 禾花鲤"乳源1号"主要在我国华南、华中、华东等地区养殖，包括：江西、湖南、广东、广西、四川、云南等。

养殖模式 禾花鲤"乳源1号"的养殖水体为人工可控的淡水水域，主要养殖模式为稻田养殖，在稻田水体中单养或搭配少量鲫等其他种类。

开发利用情况 禾花鲤"乳源1号"为培育种，由中国水产科学研究院珠江水产研究所、乳源瑶族自治县畜牧兽医水产事务中心、广东省渔业技术推广总站、乳源瑶族自治县一峰农业发展有限公司、广东梁氏水产种业有限公司等单位联合培育，2021年通过全国水产原种和良种审定委员会审定。全国共普查到3个繁育主体开展该资源的活体保种和/或苗种生产。

34.建鲤2号（*Cyprinus carpio*）

俗名 鲤拐子。

分类地位 动物界（Animalia）、脊索动物门（Chordata）、硬骨鱼纲（Osteichthyes）、鲤形目（Cypriniformes）、鲤科(Cyprinidae)、鲤属（*Cyprinus*）。

地位作用 建鲤2号是我国培育的鲤品种，主选性状是生长速度，在相同养殖条件下，与建鲤相比，12月龄鱼生长速度平均提高17.7%，体长/体高平均值3.11，保持了建鲤的长体形。主要用途为食用。

养殖分布 建鲤2号主要在我国西南、华北、华南、华东、华中等地区养殖，包括：河北、山西、吉林、江苏、福建、江西、河南、湖南、广东、广西、重庆、四川、贵州、云南、陕西等。

养殖模式 建鲤2号的养殖水体为人工可控的淡水水域，主要养殖模式包括池塘养殖、网箱养殖、稻田养殖等，主要作为主养种与鲢、鳙混养，也可与鲫等混养。

开发利用情况 建鲤2号为培育种，由中国水产科学研究院淡水渔业研究中心、深圳华大海洋科技有限公司等单位联合培育，2021年通过全国水产原种和良种审定委员会审定。全国共普查到3个繁育主体开展该资源的活体保种和/或苗种生产。

35.锦鲤（*Cyprinus carpio*）

俗名 锦鲤。

（郭珺 提供）

分类地位 动物界（Animalia）、脊索动物门（Chordata）、硬骨鱼纲（Osteichthyes）、鲤形目（Cypriniformes）、鲤科(Cyprinidae)、鲤属（*Cyprinus*）。

地位作用 锦鲤是我国淡水鱼类观赏种。主要用途为观赏。

养殖分布 锦鲤主要在我国东北、华东、华中、华南、华北、西南、西北等地区养殖，包括：北京、天津、河北、山西、内蒙古、辽宁、吉林、黑龙江、上海、江苏、浙江、安徽、福建、江西、山东、河南、湖北、湖南、广东、广西、海南、重庆、四川、贵州、云南、陕西、甘肃、宁夏、新疆、新疆生产建设兵团等。

养殖模式 锦鲤的养殖水体为人工可控的淡水水域，主要养殖模式包括池塘养殖、循环水系统养殖等，主要为单养或作为主养种与鲫等进行混养。

开发利用情况 锦鲤为培育种，至今大约有100多个品种。中国是最早养殖鲤的国家，后家养鲤和养殖技术东渡日本，在漫长的人工饲养过程中，部分鲤发生了变异，绊红色或浅黄色出现在鱼体上。20世纪70年代，日本将锦鲤作为国礼赠予中国，目前中国锦鲤养殖业也呈现出蓬勃发展的势头。全国共普查到600个繁育主体开展该资源的活体保种和/或苗种生产。

36.鲫（*Carassius auratus*）

俗名 喜头鱼、鲫瓜子、月鲫仔、土鲫、鲋鱼、寒鲋、喜头、鲫壳、河鲫。

（王忠卫　提供）

分类地位 动物界（Animalia）、脊索动物门（Chordata）、硬骨鱼纲（Osteichthyes）、鲤形目（Cypriniformes）、鲤科（Cyprinidae）、鲫属（*Carassius*）。

地位作用 鲫是我国淡水鱼类主养种。主要用途为食用。

养殖分布 鲫主要在我国华东、华中、西南、华南、东北、华北、西北等地区养殖，包括：江苏、湖北、江西、湖南、四川、安徽、广东、黑龙江、浙江、重庆、山东、辽宁、河南、云南、福建、广西、天津、吉林、河北、宁夏、上海、内蒙古、贵州、新疆、新疆生产建设兵团、陕西、山西、甘肃、海南、北京、西藏、青海等。

养殖模式 鲫的养殖水体为淡水，主要养殖模式包括池塘养殖、稻田养殖、大水面增养殖等。在北方地区和华东地区以单养为主，其他地区则多以鲫、鲤、鳊和草鱼等混养为主。

开发利用情况 鲫为本土种，是较为传统的养殖种类，于宋朝被驯化。16世纪传入日本，17世纪从日本进口到欧洲。已解决其苗种繁育技术，已有红白长尾鲫、蓝花长尾鲫、杂交黄金鲫、湘云鲫2号、合方鲫等品种通过全国水产原种和良种审定委员会审定。全国共普查到449个繁育主体开展该资源的活体保种和/或苗种生产。

37.银鲫（*Carassius gibelio*）

俗名　喜头鱼、鲫瓜子、月鲫仔、鲋鱼、寒鲋、喜头、鲫壳、河鲫。

（王忠卫　提供）

分类地位　动物界（Animalia）、脊索动物门（Chordata）、硬骨鱼纲（Osteichthyes）、鲤形目（Cypriniformes）、鲤科（Cyprinidae）、鲫属（*Carassius*）。

地位作用　银鲫是我国淡水鱼类主养种。主要用途为食用。

养殖分布　银鲫主要在我国华东、华中、西南、华南、东北、华北、西北等地区养殖，包括：江苏、湖北、江西、湖南、四川、安徽、广东、黑龙江、浙江、重庆、山东、辽宁、河南、云南、福建、广西、天津、吉林、河北、上海、内蒙古、贵州、新疆、新疆生产建设兵团、陕西、山西、甘肃、北京等。

养殖模式　银鲫的养殖水体为淡水，主要养殖模式包括池塘养殖和稻田养殖等，主要为单养，也可与鲢、鳙、细鳞斜颌鲴等混养。

开发利用情况　银鲫为本土种，自然分布于黑龙江水系、呼伦湖和新疆额尔齐斯河。目前已解决其人工苗种繁育技术，已有松浦银鲫、异育银鲫、异育银鲫"中科3号"、白金丰产鲫、异育银鲫"中科5号"等品种通过全国水产原种和良种审定委员会审定。全国共普查到65个繁育主体开展该资源的活体保种和/或苗种生产。

38. 日本白鲫（*Carassius cuvieri*）

俗名 日本河内鲫、大阪鲫、多耙鲫、日本鲫仔。

（鲁蒙 提供）

分类地位 动物界（Animalia）、脊索动物门（Chordata）、硬骨鱼纲（Osteichthyes）、鲤形目（Cypriniformes）、鲤科（Cyprinidae）、鲫属（*Carassius*）。

地位作用 日本白鲫是我国淡水鱼类主养种。主要用途为食用。

养殖分布 日本白鲫主要在我国华南、华东、华中等地区养殖，包括：天津、山西、辽宁、吉林、江苏、浙江、安徽、福建、江西、山东、河南、湖南、广东、广西、重庆、陕西、新疆等。

养殖模式 日本白鲫的养殖水体为人工可控的淡水水域，主要养殖模式包括池塘养殖、大水面增养殖等。主要为单养，也可与草鱼、团头鲂等混养。

开发利用情况 日本白鲫为引进种，是原产于日本琵琶湖的一种大型鲫。我国20世纪70年代中期从日本引进该品种，已解决其苗种繁育技术，已有湘云鲫、赣昌鲤鲫、合方鲫等品种通过全国水产原种和良种审定委员会审定。全国共普查到5个繁育主体开展该资源的活体保种和/或苗种生产。

39.彭泽鲫（*Carassius gibelio*）

俗名 芦花鲫。

（王忠卫 提供）

分类地位 动物界（Animalia）、脊索动物门（Chordata）、硬骨鱼纲（Osteichthyes）、鲤形目（Cypriniformes）、鲤科（Cyprinidae）、鲫属（*Carassius*）。

地位作用 彭泽鲫是我国自主培育的银鲫品种，主选性状是生长速度，经选育后的F_6，比选育前生长速度快56%，1龄鱼平均体重可达200g左右。主要用途为食用。

养殖分布 彭泽鲫主要在我国华中、华北、东北等地区养殖，包括：北京、天津、河北、山西、内蒙古、辽宁、吉林、黑龙江、江苏、浙江、安徽、福建、江西、山东、河南、湖北、湖南、广东、广西、重庆、四川、贵州、云南、陕西、甘肃、宁夏、新疆、新疆生产建设兵团等。

养殖模式 彭泽鲫的养殖水体为人工可控的淡水水域，主要养殖模式为池塘养殖，主要为单养，也可套养鲢、鳙等。

开发利用情况 彭泽鲫为培育种，由江西省水产科学研究所和九江市水产科学研究所等单位联合培育，1996年通过全国水产原种和良种审定委员会审定。全国共普查到66个繁育主体开展该资源的活体保种和/或苗种生产。

40.松浦银鲫（*Carassius gibelio*）

俗名 松浦鲫。

（王忠卫　提供）

分类地位 动物界（Animalia）、脊索动物门（Chordata）、硬骨鱼纲（Osteichthyes）、鲤形目（Cypriniformes）、鲤科（Cyprinidae）、鲫属（*Carassius*）。

地位作用 松浦银鲫是我国自主培育的银鲫品种，主选性状是生长速度和体形，其体高、尾柄长、体厚等指标明显大于亲本方正银鲫。主要用途为食用。

养殖分布 松浦银鲫主要在我国华东、华北、华中、华南、西南等地区养殖，包括：内蒙古、辽宁、黑龙江、江苏、安徽、江西、河南、湖北、广东、广西、四川、云南、陕西、甘肃、新疆等。

养殖模式 松浦银鲫的养殖水体为人工可控的淡水水域，主要养殖模式包括池塘养殖、稻田养殖和大水面增养殖等，主要为单养，也可与鲢、鳙、草鱼、团头鲂等混养。

开发利用情况 松浦银鲫为培育种，由中国水产科学研究院黑龙江水产研究所培育，1996年通过全国水产原种和良种审定委员会审定。全国共普查到1个繁育主体开展该资源的活体保种和/或苗种生产。

41.异育银鲫（*Carassius gibelio*）

俗名 银鲫。

（王忠卫 提供）

分类地位 动物界（Animalia）、脊索动物门（Chordata）、硬骨鱼纲（Osteichthyes）、鲤形目（Cypriniformes）、鲤科（Cyprinidae）、鲫属（*Carassius*）。

地位作用 异育银鲫是我国自主培育的银鲫品种，主选性状是生长速度。在相同养殖条件下，生长速度比鲫快1～2倍，比母本方正银鲫快34.7%。主要用途为食用。

养殖分布 异育银鲫主要在我国华中、西南、华北等地区养殖，包括：北京、天津、河北、山西、内蒙古、辽宁、吉林、黑龙江、上海、江苏、浙江、安徽、福建、江西、山东、湖北、湖南、广东、广西、重庆、四川、贵州、云南、陕西、甘肃、宁夏、新疆、新疆生产建设兵团等。

养殖模式 异育银鲫的养殖水体为人工可控的淡水水域，主要养殖模式包括池塘养殖、稻田养殖和大水面增养殖等，主要为单养，也可与鲢、鳙、草鱼、团头鲂等混养。

开发利用情况 异育银鲫为培育种，由中国科学院水生生物研究所培育，1996年通过全国水产原种和良种审定委员会审定。全国共普查到127个繁育主体开展该资源的活体保种和/或苗种生产。

42. 湘云鲫

俗名 工程鲫。

（覃钦博　提供）

分类地位　杂交种，亲本来源为鲫鲤杂交四倍体鱼（♀）×日本白鲫（♂）。

地位作用　湘云鲫是我国自主选育的鲫品种，主选性状是含肉率、生长速度、耐低温能力等。含肉率高出普通鲫10%～15%；生长速度快，比本地鲫快3～4倍；耐低温，10℃以上能摄食生长，并具有浮游生物食性。主要用途为食用。

养殖分布　湘云鲫主要在我国华中、西南、华东、西北、东北等地区养殖，包括：北京、河北、山西、辽宁、吉林、黑龙江、上海、江苏、浙江、安徽、福建、江西、山东、河南、湖北、湖南、广东、广西、重庆、四川、贵州、云南、陕西、甘肃、新疆、新疆生产建设兵团等。

养殖模式　湘云鲫的养殖水体为人工可控的淡水水域，主要养殖模式包括池塘养殖、稻田养殖等，主要为单养，也可与鲢、鳙等混养。

开发利用情况　湘云鲫为培育种，由湖南师范大学培育，2001年通过全国水产原种和良种审定委员会审定。全国共普查到46个繁育主体开展该资源的活体保种和/或苗种生产。

43.红白长尾鲫（*Carassius auratus*）

俗名 无。

分类地位 动物界（Animalia）、脊索动物门（Chordata）、硬骨鱼纲（Osteichthyes）、鲤形目（Cypriniformes）、鲤科（Cyprinidae）、鲫属（*Carassius*）。

地位作用 红白长尾鲫是我国培育的观赏鱼品种，主选性状是体色，体表底色银白，头部、背部或身两侧镶嵌红色斑块，红白相间，分界鲜明，尾鳍长等于或大于体长，薄而柔软，如飘带。主要用途为观赏。

养殖分布 红白长尾鲫主要在我国华东、西南、西北、华北、东北等地区养殖，包括：天津、河北、山西、内蒙古、辽宁、吉林、黑龙江、江苏、浙江、安徽、福建、江西、山东、河南、湖南、广东、广西、重庆、四川、云南、陕西、甘肃、新疆、新疆生产建设兵团等。

养殖模式 红白长尾鲫的养殖水体为人工可控的淡水水域，主要养殖模式包括池塘养殖和水族箱养殖等，一般为单养。

开发利用情况 红白长尾鲫为培育种，由天津市换新水产良种场培育，2002年通过全国水产原种和良种审定委员会审定。全国共普查到20个繁育主体开展该资源的活体保种和/或苗种生产。

44.蓝花长尾鲫（*Carassius auratus*）

俗名 无。

分类地位 动物界（Animalia）、脊索动物门（Chordata）、硬骨鱼纲（Osteichthyes）、鲤形目（Cypriniformes）、鲤科（Cyprinidae）、鲫属（*Carassius*）。

地位作用 蓝花长尾鲫是我国培育的观赏鱼品种，主选性状是体色，头部有一鲜艳的红色斑块，尾鳍、胸鳍、腹鳍、臀鳍均较长，体色艳丽特异，游姿优美。主要用途为观赏。

养殖分布 蓝花长尾鲫主要在我国华东、华中、西南、西北等地区养殖，包括：天津、河北、辽宁、吉林、江苏、浙江、安徽、江西、山东、河南、湖北、湖南、广东、重庆、四川、贵州、陕西、甘肃等。

养殖模式 蓝花长尾鲫的养殖水体为人工可控的淡水水域，主要养殖模式包括池塘养殖、水族箱养殖等，一般为单养。

开发利用情况 蓝花长尾鲫为培育种，由天津市换新水产良种场培育，2002年通过全国水产原种和良种审定委员会审定。全国共普查到22个繁育主体开展该资源的活体保种和/或苗种生产。

45.杂交黄金鲫

俗名 黄金鲫。

分类地位 杂交种，亲本来源为散鳞镜鲤（♀）×红鲫（♂）。

地位作用 杂交黄金鲫是我国培育的鲤鲫杂交品种，主选性状是体色和生长速度。其体被金黄色鳞片，生长速度比彭泽鲫快2.01倍，比父本红鲫快2.42倍。主要用途为食用。

养殖分布 杂交黄金鲫主要在我国西南、东北、华北、华中等地区养殖，包括：北京、天津、河北、山西、内蒙古、辽宁、吉林、黑龙江、上海、江苏、浙江、安徽、福建、江西、山东、河南、湖北、湖南、广东、广西、重庆、四川、贵州、云南、陕西、甘肃等。

养殖模式 杂交黄金鲫的养殖水体为人工可控的淡水水域，主要养殖模式为池塘养殖等，以单养为主，也可与鲢、鳙等混养。

开发利用情况 杂交黄金鲫为培育种，由天津市换新水产良种场培育，2007年通过全国水产原种和良种审定委员会审定。全国共普查到个18繁育主体开展该资源的活体保种和/或苗种生产。

46.萍乡红鲫（*Carassius gibelio*）

俗名 肉红鲫。

（洪一江 提供）

分类地位 动物界（Animalia）、脊索动物门（Chordata）、硬骨鱼纲（Osteichthyes）、鲤形目（Cypriniformes）、鲤科（Cyprinidae）、鲫属（*Carassius*）。

地位作用 萍乡红鲫是我国培育的银鲫品种，主选性状是体色和生长速度，体色橘红艳丽、通体透明，选育纯度98%以上，经过200天饲养，体重较未选育的野生群体重100%以上。主要用途为观赏和食用。

养殖分布 萍乡红鲫主要在我国西南、西北、华东、东北等地区养殖，包括：辽宁、吉林、江西、湖北、湖南、四川、云南、陕西等。

养殖模式 萍乡红鲫的养殖水体为人工可控的淡水水域，主要养殖模式为池塘养殖等，通常采用池塘主养或池塘套养模式：池塘主养搭放鲢、鳙或大规格黄尾密鲴；也可以在斑点叉尾鲴、罗非鱼、草鱼和鳊等的池塘中套养。

开发利用情况 萍乡红鲫为培育种，由江西省萍乡市水产科学研究所、南昌大学和江西省水产科学研究所等单位联合培育，2007年通过全国水产原种和良种审定委员会审定。全国共普查到8个繁育主体开展该资源的活体保种和/或苗种生产。

47.异育银鲫"中科3号"（*Carassius gibelio*）

俗名 中科3号、银鲫。

（张晓娟 提供）

分类地位 动物界（Animalia）、脊索动物门（Chordata）、硬骨鱼纲（Osteichthyes）、鲤形目（Cypriniformes）、鲤科（Cyprinidae）、鲫属（*Carassius*）。

地位作用 异育银鲫"中科3号"是我国培育的银鲫品种，主选性状是生长速度，较高体形异育银鲫快13.7%～34.4%，出肉率高6%以上，遗传性状稳定。主要用途为食用。

养殖分布 异育银鲫"中科3号"主要在我国华中、西南、华北、华东、东北等地区养殖，包括：天津、河北、山西、内蒙古、辽宁、吉林、黑龙江、江苏、浙江、安徽、福建、江西、山东、河南、湖北、湖南、广东、广西、重庆、四川、贵州、云南、陕西、甘肃、宁夏、新疆、新疆生产建设兵团等。

养殖模式 异育银鲫"中科3号"的养殖水体为人工可控的淡水水域，主要养殖模式为池塘养殖、大水面养殖等，通常采用池塘套养模式。

开发利用情况 异育银鲫"中科3号"为培育种，由中国科学院水生生物研究所培育，2007年通过全国水产原种和良种审定委员会审定。全国共普查到122个繁育主体开展该资源的活体保种和/或苗种生产。

48.湘云鲫2号

俗名 工程鲫。

（覃钦博 提供）

分类地位 杂交种，亲本来源为改良二倍体红鲫（♀）× 改良四倍体鲫鲤（♂）。

地位作用 湘云鲫2号是我国培育的鲤鲫杂交品种，主选性状是生长速度快和不育。相同养殖条件下，生长速度为本地鲫鱼的4.21倍、为普通红鲫的1.43倍。主要用途为食用。

养殖分布 湘云鲫2号主要在我国华中、华东、西南等地区养殖，包括：吉林、黑龙江、江苏、浙江、安徽、福建、江西、山东、河南、湖北、湖南、广东、广西、重庆、四川、贵州、云南等。

养殖模式 湘云鲫2号的养殖水体为人工可控的淡水水域，主要养殖模式包括池塘养殖、稻田养殖等，主要为单养，也可与鲢、鳙等混养。

开发利用情况 湘云鲫2号为培育种，由湖南师范大学培育，2008年通过全国水产原种和良种审定委员会审定。全国共普查到6个繁育主体开展该资源的活体保种和/或苗种生产。

49. 芙蓉鲤鲫

俗名 芙蓉鲫。

分类地位 杂交种，亲本来源为芙蓉鲤（♀）×红鲫（♂）。

地位作用 芙蓉鲤鲫是我国培育的鲤鲫杂交品种，主选性状为生长速度。在相同条件下，1龄鱼生长速度比父本快102.4%，为母本的83.4%；2龄鱼比父本快7.8倍，为母本的86.2%；肌肉蛋白质含量高于双亲，脂肪含量低于双亲。主要用途为食用。

养殖分布 芙蓉鲤鲫主要在我国华中、西南、华东等地区养殖，包括：吉林、江苏、福建、江西、山东、湖南、广东、重庆、四川、云南、新疆等。

养殖模式 芙蓉鲤鲫的养殖水体为人工可控的淡水水域，主要养殖模式包括池塘养殖和稻田养殖等，主要为单养，也可与青鱼、草鱼、鲢、鳙等混养。

开发利用情况 芙蓉鲤鲫为培育种，由湖南省水产科学研究所和湖南鳜鱼原种场等单位联合培育，2009年通过全国水产原种和良种审定委员会审定。全国共普查到17个繁育主体开展该资源的活体保种和/或苗种生产。

50.津新乌鲫

俗名 乌龙鲫。

    分类地位 杂交种，亲本来源为红鲫（♀）×（白化红鲫♀×墨龙鲤♂）F$_2$中筛选出的可育四倍体（♂）。

    地位作用 津新乌鲫是我国培育的杂交品种，主选性状是生长速度、抗寒能力、抗病能力等。在相同养殖条件下，其生长速度与彭泽鲫和红鲫相比，1龄鱼分别快10.09%和11.68%，2龄鱼分别快10.00%和16.02%；抗寒能力强，在冰下水深1.2m的池水中可安全过冬；抗逆性强，不易发病。主要用途为食用和观赏。

    养殖分布 津新乌鲫主要在我国东北、华北等地区养殖，包括：天津、河北、辽宁、吉林、黑龙江、江苏、安徽、福建、湖北、重庆、四川、云南、陕西等。

    养殖模式 津新乌鲫的养殖水体为人工可控的淡水水域，适合在全国各地可控淡水水体养殖，主要养殖模式为池塘养殖等，主要为单养，也可与草鱼、青鱼和团头鲂等套养。

    开发利用情况 津新乌鲫为培育种，由天津市换新水产良种场培育，2013年通过全国水产原种和良种审定委员会审定。全国共普查到2个繁育主体开展该资源的活体保种和/或苗种生产。

51.长丰鲫

俗名　无。

分类地位　杂交种，亲本来源为异育银鲫D系（♀）×兴国红鲤系（♂）。

地位作用　长丰鲫是我国培育的杂交品种，主选性状是生长速度。在相同养殖条件下，与普通银鲫相比，1龄鱼和2龄鱼生长速度分别提高25.06%以上和16.77%以上。主要用途为食用。

养殖分布　长丰鲫主要在我国华中、华东、西南等地区养殖，包括：河北、山西、江苏、浙江、安徽、福建、江西、河南、湖北、湖南、广西、重庆、四川、云南、陕西、甘肃等。

养殖模式　长丰鲫的养殖水体为人工可控的淡水水域，适合在全国可控淡水水域养殖，主要养殖模式为池塘养殖等，主要与草鱼或滤食性鱼类等混养。

开发利用情况　长丰鲫为培育种，由中国水产科学研究院长江水产研究所和中国科学院水生生物研究所等单位联合培育，2015年通过全国水产原种和良种审定委员会审定。全国共普查到9个繁育主体开展该资源的活体保种和/或苗种生产。

52.白金丰产鲫（*Carassius gibelio*）

俗名　丰产鲫、百花鲫。

（赵俊　提供）

分类地位　动物界（Animalia）、脊索动物门（Chordata）、硬骨鱼纲（Osteichthyes）、鲤形目（Cypriniformes）、鲤科（Cyprinidae）、鲫属（*Carassius*）。

地位作用　白金丰产鲫是我国培育的杂交品种，主选性状是雌性率和生长速度，雌性比例达98.0%以上，个体均匀度高，体形好。与普通彭泽鲫相比，1龄鱼生长速度提高18.0%以上。主要用途为食用。

养殖分布　白金丰产鲫主要在我国华中、华南、华东等地区养殖，包括：山西、辽宁、吉林、黑龙江、江苏、浙江、福建、江西、湖南、广东、广西、重庆、四川、云南、甘肃、新疆等。

养殖模式　白金丰产鲫的养殖水体为人工可控的淡水水域，主要养殖模式为池塘养殖等，主要为单养，也可与斑点叉尾鮰、大口黑鲈、草鱼等混养。

开发利用情况　白金丰产鲫为培育种，由华南师范大学、佛山市三水白金水产种苗有限公司、中国水产科学研究院珠江水产研究所等单位联合培育，2015年通过全国水产原种和良种审定委员会审定。全国共普查到2个繁育主体开展该资源的活体保种和/或苗种生产。

53.赣昌鲤鲫

俗名 无。

分类地位 杂交种，亲本来源为日本白鲫（♀）×兴国红鲤（♂）。

地位作用 赣昌鲤鲫是我国培育的鲤鲫杂交品种，主选性状是生长速度，在相同养殖条件下，1龄鱼比母本生长速度提高45%以上。主要用途为食用。

养殖分布 赣昌鲤鲫主要在我国华东、西南等地区养殖，包括：安徽、江西、四川等。

养殖模式 赣昌鲤鲫的养殖水体为人工可控的淡水水域，主要养殖模式为池塘养殖等，主要为单养，也可与鲢、鳙等混养。

开发利用情况 赣昌鲤鲫为培育种，由江西省水产技术推广站、南昌县莲塘鱼病防治所、江西生物科技职业学院等单位联合培育，2015年通过全国水产原种和良种审定委员会审定。

54. 合方鲫

俗名 无。

（覃钦博　提供）

分类地位　杂交种，亲本来源为日本白鲫（♀）×红鲫（♂）。

地位作用　合方鲫是我国培育的杂交鲫品种，主选性状是生长速度，在相同养殖条件下，1龄鱼生长速度比母本日本白鲫平均提高30.3%，比父本红鲫平均提高53%。主要用途为食用。

养殖分布　合方鲫主要在我国华南、华中等地区养殖，包括：山西、吉林、江苏、浙江、福建、湖南、广东、重庆、云南等。

养殖模式　合方鲫的养殖水体为人工可控的淡水水域，适宜在全国各地可控淡水水域养殖，主要养殖模式为池塘养殖等，主要为单养，也可与鲢、鳙、鳊等混养。

开发利用情况　合方鲫为培育种，由湖南师范大学培育，2016年通过全国水产原种和良种审定委员会审定。全国共普查到2个繁育主体开展该资源的活体保种和/或苗种生产。

55.异育银鲫"中科5号"（*Carassius gibelio*）

俗名 中科5号、银鲫。

分类地位 动物界（Animalia）、脊索动物门（Chordata）、硬骨鱼纲（Osteichthyes）、鲤形目（Cypriniformes）、鲤科（Cyprinidae）、鲫属（*Carassius*）。

地位作用 异育银鲫"中科5号"是我国培育的银鲫品种，主选性状是生长速度和抗病性。与异育银鲫"中科3号"相比，在投喂低蛋白（27%）低鱼粉（5%）饲料时，生长速度平均提高18.2%，抗鲫疱疹病毒能力提高12.6%，抗体表黏孢子虫能力提高21.0%。主要用途为食用。

养殖分布 异育银鲫"中科5号"主要在我国华中、西南、东北、西北等地区养殖，包括：北京、山西、内蒙古、辽宁、吉林、黑龙江、上海、江苏、浙江、安徽、福建、江西、山东、河南、湖北、湖南、广东、广西、重庆、四川、贵州、云南、陕西、甘肃、宁夏、新疆等。

养殖模式 异育银鲫"中科5号"的养殖水体为人工可控的淡水水域，主要养殖模式为池塘养殖等，主要为单养，也可与鲢、鳙等混养，或在主养草鱼或黄颡鱼的池塘中套养。

开发利用情况 异育银鲫"中科5号"为培育种，由中国科学院水生生物研究所、黄石市富尔水产苗种有限责任公司等单位联合培育，2017年通过全国水产原种和良种审定委员会审定。全国共普查到48个繁育主体开展该资源的活体保种和/或苗种生产。

56.金鱼（*Carassius auratus*）

俗名 金鲫。

（罗刚 提供）

分类地位 动物界（Animalia）、脊索动物门（Chordata）、硬骨鱼纲（Osteichthyes）、鲤形目（Cypriniformes）、鲤科（Cyprinidae）、鲫属（*Carassius*）。

地位作用 金鱼是我国淡水鱼类观赏种。主要用途为观赏。

养殖分布 金鱼主要在我国华东、华中、华南、华北等地区养殖，包括：北京、河北、天津、山东、江苏、安徽、上海、福建、广东等。

养殖模式 金鱼的养殖水体为淡水，主要养殖模式包括池塘养殖、水泥池养殖、水族箱养殖等。

开发利用情况 金鱼为本土种，起源于中国，至今已有1 600多年历史，16世纪以来被广泛引种到世界其他国家饲养。因其头、眼、鳍、鳞等变异较多，现有品系300多种，如狮头、虎头、龙睛、水泡、蝶尾、皇冠珍珠、琉金、兰寿等。全国共普查到1 044个繁育主体开展该资源的活体保种和/或苗种生产。

57.团头鲂（*Megalobrama amblycephala*）

俗名 武昌鱼、鳊鱼、平胸鳊、缩项鳊、团头鳊等。

（陈静 提供）

分类地位 动物界（Animalia）、脊索动物门（Chordata）、硬骨鱼纲（Osteichthyes）、鲤形目（Cypriniformes）、鲤科（Cyprinidae）、鲂属(*Megalobrama*)。

地位作用 团头鲂是我国淡水鱼类主养种。主要用途为食用。

养殖分布 团头鲂主要在我国华中、华东、西南、华南、东北、华北、西北等地区养殖，包括：湖北、江苏、安徽、湖南、江西、浙江、四川、广东、河南、重庆、上海、福建、辽宁、吉林、山东、广西、天津、新疆、云南、北京、内蒙古、陕西、贵州、黑龙江、海南、甘肃、河北、山西等。

养殖模式 团头鲂的养殖水体为淡水，主要养殖模式包括池塘养殖、大水面增养殖等，主要为单养，也可与鲫、草鱼等混养。

开发利用情况 团头鲂为本土种，是我国传统养殖种类，20世纪60年代解决了其人工苗种繁育技术。已有"浦江1号""华海1号"和"浦江2号"等品种通过全国水产原种和良种审定委员会审定。全国共普查到219个繁育主体开展该资源的活体保种和/或苗种生产。

58.三角鲂（*Megalobrama terminalis*）

俗名 三角鳊、乌鳊、鳊鱼等。

（陈静 提供）

分类地位 动物界（Animalia）、脊索动物门（Chordata）、硬骨鱼纲（Osteichthyes）、鲤形目（Cypriniformes）、鲤科（Cyprinidae）、鲂属（*Megalobrama*）。

地位作用 三角鲂是我国淡水鱼类主养种。主要用途为食用。

养殖分布 三角鲂主要在我国华南、华中、华东等地区养殖，包括辽宁、江苏、浙江、安徽、江西、山东、河南、湖北、湖南、广东、广西、重庆、四川等。

养殖模式 三角鲂的养殖水体为淡水，主要养殖模式包括池塘养殖、网箱养殖、大水面增养殖等。

开发利用情况 三角鲂为本土种，20世纪90年代解决了其人工苗种繁育技术。全国共普查到26个繁育主体开展该资源的活体保种和／或苗种生产。

59.翘嘴鲌（*Culter alburnus*）

俗名 翘嘴红鲌、条鱼、白鱼、翘壳、白丝、翘嘴等。

（刘士力 提供）

分类地位 动物界（Animalia）、脊索动物门（Chordata）、硬骨鱼纲（Osteichthyes）、鲤形目（Cypriniformes）、鲤科（Cyprinidae）、鲌属（*Culter*）。

地位作用 翘嘴鲌是我国淡水鱼类主养种。主要用途为食用。

养殖分布 翘嘴鲌主要在我国华东、华中、东北、西南等地区养殖，包括：天津、山西、内蒙古、辽宁、吉林、黑龙江、上海、江苏、浙江、安徽、福建、江西、山东、河南、湖北、湖南、广东、广西、重庆、四川、贵州、云南、陕西等。

养殖模式 翘嘴鲌的养殖水体为淡水，主要养殖模式包括池塘养殖、大水面增养殖等。

开发利用情况 翘嘴鲌为本土种，20世纪90年代中期解决了其人工苗种繁育技术。已有翘嘴鲌"全雌1号"1个品种通过全国水产原种和良种审定委员会审定。全国共普查到103个繁育主体开展该资源的活体保种和/或苗种生产。

60.鳊（*Parabramis pekinensis*）

俗名 长春鳊、草鳊、油鳊、长身鳊等。

（高泽霞　提供）

分类地位　动物界（Animalia）、脊索动物门（Chordata）、硬骨鱼纲（Osteichthyes）、鲤形目（Cypriniformes）、鲤科（Cyprinidae）、鳊属（*Parabramis*）。

地位作用　鳊是我国淡水鱼类主养种。主要用途为食用。

养殖分布　鳊主要在我国东北、华东、华中、华南、西南、西北等地区养殖，包括：吉林、黑龙江、上海、江苏、浙江、安徽、福建、江西、山东、河南、湖北、湖南、广东、广西、重庆、四川、贵州、云南、陕西等。

养殖模式　鳊养殖水体为淡水，主要养殖模式包括池塘养殖、大水面增养殖等。

开发利用情况　鳊为本土种，21世纪初解决了其人工苗种繁育技术。全国共普查到95个繁育主体开展该资源的活体保种和/或苗种生产。

61.团头鲂"浦江1号"
(*Megalobrama amblycephala*)

俗名 浦江1号、武昌鱼、鳊鱼、平胸鳊、缩项鳊、团头鳊等。

（高泽霞　提供）

分类地位 动物界（Animalia）、脊索动物门（Chordata）、硬骨鱼纲（Osteichthyes）、鲤形目（Cypriniformes）、鲤科（Cyprinidae）、鲂属（*Megalobrama*）。

地位作用 团头鲂"浦江1号"是我国培育的第1个团头鲂品种，主选性状是生长速度，该品种遗传性状稳定，生长速度比淤泥湖原种提高20%。主要用途为食用。

养殖分布 团头鲂"浦江1号"主要在我国华中、华北、东北、西南、西北等地区养殖，包括：北京、天津、山西、内蒙古、辽宁、吉林、黑龙江、上海、江苏、浙江、安徽、福建、江西、山东、湖北、湖南、广西、四川、贵州、云南、陕西、甘肃、新疆、新疆生产建设兵团等。

养殖模式 团头鲂"浦江1号"的养殖水体为人工可控的淡水水域，主要养殖模式包括池塘养殖、大水面增养殖等，主要为单养，也可与鲫、草鱼等混养。

开发利用情况 团头鲂"浦江1号"为培育种，由上海海洋大学培育，2000年通过全国水产原种和良种审定委员会审定。全国共普查到20个繁育主体开展该资源的活体保种和/或苗种生产。

62.团头鲂"华海1号"
（*Megalobrama amblycephala*）

俗名 华海1号、武昌鱼、鳊鱼、平胸鳊、缩项鳊、团头鳊等。

分类地位 动物界（Animalia）、脊索动物门（Chordata）、硬骨鱼纲（Osteichthyes）、鲤形目（Cypriniformes）、鲤科（Cyprinidae）、鲂属（*Megalobrama*）。

地位作用 团头鲂"华海1号"是我国培育的团头鲂品种，主选性状是生长速度和成活率。在相同养殖条件下，与未经选育的团头鲂相比，1龄鱼生长速度提高24%以上，成活率提高22%以上；2龄鱼生长速度提高22%以上，成活率提高20%以上。主要用途为食用。

养殖分布 团头鲂"华海1号"主要在我国东北、华南、华东、西南、华北等地区养殖，包括：北京、天津、内蒙古、吉林、黑龙江、江苏、安徽、福建、江西、山东、湖北、湖南、广西、重庆、四川、贵州、云南、陕西、宁夏、新疆等。

养殖模式 团头鲂"华海1号"养殖水体为人工可控的淡水水域，主要养殖模式包括池塘养殖、大水面增养殖等，主要为单养，也可与鲫、草鱼等混养。

开发利用情况 团头鲂"华海1号"为培育种，由华中农业大学基于团头鲂分子标记辅助BLUP育种技术培育，2016年通过全国水产原种和良种审定委员会审定。全国共普查到9个繁育主体开展该资源的活体保种和／或苗种生产。

63.团头鲂"浦江2号"
（*Megalobrama amblycephala*）

俗名 浦江2号、武昌鱼、鳊鱼、平胸鳊、缩项鳊、团头鳊等。

分类地位 动物界（Animalia）、脊索动物门（Chordata）、硬骨鱼纲（Osteichthyes）、鲤形目（Cypriniformes）、鲤科（Cyprinidae）、鲂属（*Megalobrama*）。

地位作用 团头鲂"浦江2号"是我国培育的团头鲂品种，主选性状是生长速度。在相同养殖条件下，与未经选育的团头鲂相比，1龄鱼生长速度平均提高38.0%，2龄鱼生长速度平均提高34.0%；与"浦江1号"相比，1龄鱼生长速度平均提高18.6%，2龄鱼生长速度平均提高18.1%，具一定的耐低氧能力。主要用途为食用。

养殖分布 团头鲂"浦江2号"主要在我国华中、华北、华东等地区养殖，包括：内蒙古、吉林、黑龙江、上海、江苏、浙江、安徽、福建、河南、湖北、湖南、重庆、四川、云南、新疆等。

养殖模式 团头鲂"浦江2号"的养殖水体为人工可控的淡水水域，主要养殖模式包括池塘养殖、大水面增养殖等，主要为单养，也可与鲫、草鱼等混养。

开发利用情况 团头鲂"浦江2号"为培育种，由上海海洋大学、上海淀原水产良种场联合培育。全国共普查到7个繁育主体开展该资源的活体保种和/或苗种生产。

64.鳊鲴杂交鱼

俗名 鲂鲴。

　　分类地位 杂交种，亲本来源为团头鲂（♀）× 黄尾密鲴（♂）。

　　地位作用 鳊鲴杂交鱼是我国培育的团头鲂和黄尾密鲴杂交品种，主选性状是生长速度，平均比母本团头鲂提高11.67%，比父本黄尾密鲴提高37.50%。主要用途为食用。

　　养殖分布 鳊鲴杂交鱼主要在我国华南、东北、华东、华中等地区养殖，包括：辽宁、黑龙江、江苏、浙江、河南、湖北、湖南、广东、重庆、四川、云南等。

　　养殖模式 鳊鲴杂交鱼的养殖水体为人工可控的淡水水域，主要养殖模式为池塘养殖等。

　　开发利用情况 鳊鲴杂交鱼为培育种，由湖南师范大学培育。全国共普查到2个繁育主体开展该资源的活体保种和/或苗种生产。

65.芦台鲂鲌

俗名 芦台大白鱼。

分类地位 杂交种，亲本来源为团头鲂（♀）×翘嘴鲌（♂）。

地位作用 芦台鲂鲌是我国培育的团头鲂和翘嘴鲌杂交品种。主选性状是生长速度和耐低氧，1龄鱼的杂种平均优势率为64.52%，2龄鱼为16.20%；耐低氧，在水温22～29℃条件下，临界窒息点含氧量为0.36～0.48mg/L，比父母本均低，易于运输；出肉率高，2龄成鱼平均可达84.38%。主要用途为食用。

养殖分布 芦台鲂鲌主要在我国华东、华中等地区养殖，包括：天津、黑龙江、江苏、浙江、江西、湖北、重庆等。

养殖模式 芦台鲂鲌的养殖水体为人工可控的淡水水域，主要养殖模式为池塘主养，可套养鲢、鳙、黄颡鱼等。

开发利用情况 芦台鲂鲌为培育种，由天津市换新水产良种场培育，2012年通过全国水产原种和良种审定委员会审定。全国共普查到1个繁育主体开展该资源的活体保种和/或苗种生产。

66.鲌鲂"先锋2号"

俗名 先锋2号。

分类地位 杂交种，亲本来源为团头鲂（♀）×黑尾近红鲌（♂）。

地位作用 鲌鲂"先锋2号"是我国培育的团头鲂和黑尾近红鲌杂交品种，主选性状是菱形体形和生长速度。在相同养殖条件下，与普通团头鲂相比，18月龄鱼生长速度平均提高21.9%，成活率平均提高37.5%，性情温顺，鳞片不易脱落；与黑尾近红鲌相比，18月龄鱼生长速度平均提高84.8%。主要用途为食用。

养殖分布 鲌鲂"先锋2号"主要在我国华中、华东等地区养殖，包括：吉林、江苏、浙江、江西、河南、湖北、云南等。

养殖模式 鲌鲂"先锋2号"的养殖水体为人工可控的淡水水域，主要养殖模式为池塘主养，可套养鲢、鳙等。

开发利用情况 鲌鲂"先锋2号"为培育种，由武汉市农业科学院水产研究所、武汉先锋水产科技有限公司联合培育，2018年通过全国水产原种和良种审定委员会审定。全国共普查到1个繁育主体开展该资源的活体保种和/或苗种生产。

67.杂交翘嘴鲂

俗名　杂交翘嘴鲂。

分类地位　杂交种，亲本来源为（团头鲂♀×翘嘴鲌♂）（♀）×团头鲂（♂）。

地位作用　杂交翘嘴鲂是我国培育的鲂属和鲌属鱼类多次杂交品种，主选性状是生长速度。在相同养殖条件下，1龄鱼平均体重比团头鲂和翘嘴鲌均提高20%以上。主要用途为食用。

养殖分布　杂交翘嘴鲂主要在我国东北、华东、华中等地区养殖，包括：辽宁、江苏、浙江、福建、江西、湖南、广西、重庆等。

养殖模式　杂交翘嘴鲂的养殖水体为人工可控的淡水水域，主要养殖模式包括池塘养殖、网箱养殖等。

开发利用情况　杂交翘嘴鲂为培育种，由湖南师范大学培育，2014年通过全国水产原种和良种审定委员会审定。全国共普查到1个繁育主体开展该资源的活体保种和/或苗种生产。

68.杂交鲂鲌 "皖江1号"

俗名 皖江1号。

分类地位 杂交种，亲本来源为杂交鲌鲂 F_1（♀）× 长江支流皖河段采集的野生翘嘴鲌（♂）。

地位作用 杂交鲂鲌 "皖江1号" 是我国培育的鲂属和鲌属鱼类多次杂交品种，主选性状是生长速度，2龄鱼生长速度较父本翘嘴鲌提高37.1%，较团头鲂 "浦江1号" 提高18.4%。主要用途为食用。

养殖分布 杂交鲂鲌 "皖江1号" 主要在我国华东、华南、西南等地区养殖，包括：安徽、广东、贵州等。

养殖模式 杂交鲂鲌 "皖江1号" 的养殖水体为人工可控的淡水水域，主要养殖模式包括池塘主养和池塘套养，鲫、草鱼、斑点叉尾鮰均可与其套养。

开发利用情况 杂交鲂鲌 "皖江1号" 为培育种，由安庆市皖宜季牛水产养殖有限责任公司、安徽省农业科学院水产研究所、上海海洋大学联合培育，2020年通过全国水产原种和良种审定委员会审定。全国共普查到1个繁育主体开展该资源的活体保种和/或苗种生产。

69.翘嘴鲌"全雌1号"（*Culter alburnus*）

俗名 全雌1号、条鱼、白鱼、翘壳、白丝、翘嘴等。

分类地位 动物界（Animalia）、脊索动物门（Chordata）、硬骨鱼纲（Osteichthyes）、鲤形目（Cypriniformes）、鲤科（Cyprinidae）、鲌属（*Culter*）。

地位作用 翘嘴鲌"全雌1号"是我国培育的翘嘴鲌品种，主选性状是雌性率和生长速度，与未经选育的翘嘴鲌相比，18月龄鱼生长速度平均提高17.0%，平均雌性率为99.8%。主要用途为食用。

养殖分布 翘嘴鲌"全雌1号"主要在我国华中、西南、华东、华北等地区养殖，包括：吉林、黑龙江、江苏、浙江、安徽、湖北、湖南、广东、广西、重庆、四川等。

养殖模式 翘嘴鲌"全雌1号"的养殖水体为人工可控的淡水水域，主要养殖模式包括池塘主养、池塘套养等，三角帆蚌、罗非鱼等均可与其套养。

开发利用情况 翘嘴鲌"全雌1号"为培育种，由浙江省淡水水产研究所培育，2020年通过全国水产原种和良种审定委员会审定。全国共普查到2个繁育主体开展该资源的活体保种和/或苗种生产。

70.杂交鲌"先锋1号"

俗名 先锋1号、大白刁。

分类地位 杂交种，亲本来源为翘嘴鲌（♀）×黑尾近红鲌（♂）。

地位作用 杂交鲌"先锋1号"是我国培育的翘嘴鲌和黑尾近红鲌的杂交品种，主选性状是生长速度，相同养殖条件下，比父本快23.55%～29.59%，比母本快100.26%～172.40%。主要用途为食用。

养殖分布 杂交鲌"先锋1号"主要在我国华中、华东等地区养殖，包括：河北、内蒙古、黑龙江、江苏、浙江、安徽、湖北、湖南、广东、重庆、四川、宁夏等。

养殖模式 杂交鲌"先锋1号"的养殖水体为人工可控的淡水水域，主要养殖模式包括池塘养殖、网箱养殖等。

开发利用情况 杂交鲌"先锋1号"为培育种，由武汉市水产科学研究所和武汉先锋水产科技有限公司联合培育，2012年通过全国水产原种和良种审定委员会审定。全国共普查到2个繁育主体开展该资源的活体保种和/或苗种生产。

71.太湖鲂鲌

俗名 大白刁。

分类地位 杂交种，亲本来源为翘嘴鲌（♀）× 三角鲂（♂）。

地位作用 太湖鲂鲌是我国培育的翘嘴鲌和三角鲂的杂交品种，主选性状是生长速度和饲料转化率，18月龄鱼生长速度比母本提高48.2%，饲料蛋白最适需求量降低12.3%。主要用途为食用。

养殖分布 太湖鲂鲌主要在我国华东、华中、华南等地区养殖，包括：上海、江苏、浙江、安徽、山东、湖北、广东等。

养殖模式 太湖鲂鲌的养殖水体为人工可控的淡水水域，主要养殖模式包括池塘养殖、网箱养殖等。

开发利用情况 太湖鲂鲌为培育种，由浙江省淡水水产研究所培育，2017年通过全国水产原种和良种审定委员会审定。全国共普查到2个繁育主体开展该资源的活体保种和/或苗种生产。

72.尼罗罗非鱼（*Oreochromis niloticus*）

俗名 罗非鱼、非洲鲫。

（董浚键 提供）

分类地位 动物界（Animalia）、脊索动物门（Chordata）、硬骨鱼纲（Osteichthyes）、鲈形目（Perciformes）、丽鱼科(Cichlidae)、罗非鱼属（*Oreochromis*）。

地位作用 尼罗罗非鱼是我国淡水鱼类主养种。主要用途为食用等。

养殖分布 尼罗罗非鱼主要在我国华南、西南、华东、华中等地区养殖，包括：北京、天津、河北、山西、辽宁、吉林、上海、江苏、浙江、安徽、福建、江西、山东、河南、湖北、湖南、广东、广西、海南、重庆、四川、贵州、云南、陕西、甘肃、新疆、新疆生产建设兵团等。

养殖模式 尼罗罗非鱼的养殖水体为人工可控的淡水、海水水域，主要养殖模式包括池塘养殖、网箱养殖、工厂化养殖、稻田养殖等，主要为单养或作为主养种与其他鱼虾等混养。

开发利用情况 尼罗罗非鱼为引进种，原产于非洲东部及约旦等地。1978年引进，1979年向全国推广，并开展遗传选育工作，解决了其人工苗种繁育技术，已有"新吉富"罗非鱼、吉富罗非鱼"中威1号"、罗非鱼"壮罗1号"等品种通过全国水产原种和良种审定委员会审定。全国共普查到60个繁育主体开展该资源的活体保种和/或苗种生产。

73.奥利亚罗非鱼（*Oreochromis aureus*）

俗名 蓝罗非鱼、非洲鲫。

（董在杰 提供）

分类地位 动物界（Animalia）、脊索动物门（Chordata）、硬骨鱼纲（Osteichthyes）、鲈形目（Perciformes）、丽鱼科(Cichlidae)、罗非鱼属（*Oreochromis*）。

地位作用 奥利亚罗非鱼是我国淡水鱼类主养种尼罗罗非鱼的近缘种，是罗非鱼属中耐寒力最强的种类之一。主要用途为食用等。

养殖分布 奥利亚罗非鱼主要在我国华南、华东等地区养殖，包括：江苏、浙江、福建、广东、广西、海南、重庆等。

养殖模式 奥利亚罗非鱼的养殖水体为人工可控的淡水、海水水域，主要养殖模式包括池塘养殖、网箱养殖、工厂化微流水养殖、稻田养殖、盐碱地池塘养殖等，主要为单养或混养。

开发利用情况 奥利亚罗非鱼为引进种，原产于非洲。20世纪80年代引进，解决了其人工苗种繁育技术，并进行了长期的选育工作和与尼罗罗非鱼的杂交工作，已有奥尼鱼、吉奥罗非鱼、罗非鱼"粤闽1号"、"夏奥1号"奥利亚罗非鱼等品种通过全国水产原种和良种审定委员会审定。全国共普查到1个繁育主体开展该资源的活体保种和/或苗种生产。

74.莫桑比克罗非鱼（*Oreochromis mossambicus*）

俗名 非洲鲫、越南鱼。

（曹建萌 提供）

分类地位 动物界（Animalia）、脊索动物门（Chordata）、硬骨鱼纲（Osteichthyes）、鲈形目（Perciformes）、丽鱼科(Cichlidae)、罗非鱼属（*Oreochromis*）。

地位作用 莫桑比克罗非鱼是我国淡水鱼类主养种尼罗罗非鱼的近缘种，是我国最早引进的罗非鱼。主要用途为食用等。

养殖分布 莫桑比克罗非鱼主要在我国华南、西南、华东等地区养殖，包括：上海、浙江、福建、江西、河南、广东、广西、海南、四川、云南等。

养殖模式 莫桑比克罗非鱼的养殖水体为人工可控的淡水、海水水域，主要养殖模式包括池塘养殖、网箱养殖、工厂化养殖、稻田养殖等，主要为单养或作为主养种与鲢、鳙等混养。

开发利用情况 莫桑比克罗非鱼为引进种，自然分布于东非及南非直到伊丽莎白港附近的沿岸水域。该鱼20世纪40年代从新加坡引进至中国台湾，20世纪50年代首次引进中国大陆，随后解决了其人工苗种繁育技术。现主要作为杂交亲本材料开展罗非鱼遗传改良工作，已有福寿鱼、莫荷罗非鱼"广福1号"等品种通过全国水产原种和良种审定委员会审定。全国共普查到1个繁育主体开展该资源的活体保种和/或苗种生产。

75.荷那龙罗非鱼（*Oreochromis urolepis*）

俗名 罗非鱼、非洲鲫。

（朱华平 提供）

分类地位 动物界（Animalia）、脊索动物门（Chordata）、硬骨鱼纲（Osteichthyes）、鲈形目（Perciformes）、丽鱼科(Cichlidae)、罗非鱼属（*Oreochromis*）。

地位作用 荷那龙罗非鱼是我国淡水鱼类主养种尼罗罗非鱼的近缘种。主要用途为食用等。

养殖分布 荷那龙罗非鱼主要在我国华南等地区养殖，包括：广东、海南等。

养殖模式 荷那龙罗非鱼的养殖水体为人工可控的淡水、海水水域，主要养殖模式包括池塘养殖、网箱养殖、工厂化微流水养殖、稻田养殖、盐碱地池塘养殖等，主要为单养或混养。

开发利用情况 荷那龙罗非鱼为引进种，21世纪初引入中国，解决了其人工苗种繁育技术，现主要作为杂交亲本材料开展罗非鱼遗传改良工作，已有莫荷罗非鱼"广福1号"品种通过全国水产原种和良种审定委员会审定。

76.萨罗罗非鱼（*Sarotherodon melanotheron*）

俗名 黑颊罗非鱼、非洲鲫。

（曹建萌　提供）

分类地位 动物界（Animalia）、脊索动物门（Chordata）、硬骨鱼纲（Osteichthyes）、鲈形目（Perciformes）、丽鱼科(Cichlidae)、帚齿罗非鱼属（*Sarotherodon*）。

地位作用 萨罗罗非鱼是我国淡水鱼类主养种尼罗罗非鱼的近缘种，是最耐盐的罗非鱼种类之一。主要用途为食用等。

养殖分布 萨罗罗非鱼主要在我国华南等地区养殖，包括：广东、海南等。

养殖模式 萨罗罗非鱼的养殖水体为人工可控的淡水、海水水域，主要养殖模式包括池塘养殖、网箱养殖、工厂化微流水养殖、稻田养殖、盐碱地池塘养殖等，主要为单养或混养。

开发利用情况 萨罗罗非鱼为引进种，自然分布于西非从象牙海岸到塞内加尔河海湾和内陆潟湖的广大水域。21世纪初经美国佛罗里达州间接从加纳引进2 670尾萨罗罗非鱼稚鱼，随后解决了其人工苗种繁育技术。现主要作为杂交亲本开展罗非鱼遗传改良工作，已有"吉丽"罗非鱼品种通过全国水产原种和良种审定委员会审定。

77.吉富品系尼罗罗非鱼（*Oreochromis niloticus*）

俗名 吉富鱼、非洲鲫。

（强俊　提供）

分类地位 动物界（Animalia）、脊索动物门（Chordata）、硬骨鱼纲（Osteichthyes）、鲈形目（Perciformes）、丽鱼科(Cichlidae)、罗非鱼属（*Oreochromis*）。

地位作用 吉富品系尼罗罗非鱼是我国淡水鱼类主养种尼罗罗非鱼的近缘种。主要用途为食用等。

养殖分布 吉富品系尼罗罗非鱼主要在我国华南、华东等地区养殖，包括：江苏、广东、广西等。

养殖模式 吉富品系尼罗罗非鱼的养殖水体为人工可控的淡水、海水水域，主要养殖模式包括池塘养殖、网箱养殖、工厂化微流水养殖、稻田养殖、盐碱地池塘养殖等，主要为单养或混养。

开发利用情况 吉富品系尼罗罗非鱼为引进种，是由国际水生生物资源管理中心（ICLARM）等机构通过对非洲原产地直接引进的4个尼罗罗非鱼品系（埃及、加纳、肯尼亚、塞内加尔）和在亚洲养殖比较广泛的4个尼罗罗非鱼品系（以色列、新加坡、泰国、中国台湾）经混合选育获得的优良品系。于20世纪90年代从菲律宾引进，解决了其人工苗种繁育技术。全国共普查到1个繁育主体开展该资源的活体保种和/或苗种生产。

78.红罗非鱼（*Oreochromis* sp.）

俗名 红罗非、彩虹鲷。

（董在杰 提供）

分类地位 动物界（Animalia）、脊索动物门（Chordata）、硬骨鱼纲（Osteichthyes）、鲈形目（Perciformes）、丽鱼科(Cichlidae)、罗非鱼属（*Oreochromis*）。

地位作用 红罗非鱼是我国淡水鱼类主养种。主要用途为食用和观赏等。

养殖分布 红罗非鱼主要在我国华南、华东等地区养殖，包括：河北、山西、浙江、福建、江西、河南、湖北、湖南、广东、广西、海南、重庆、贵州、云南、陕西等。

养殖模式 红罗非鱼的养殖水体为人工可控的淡水、海水水域，主要养殖模式包括池塘养殖、网箱养殖、工厂化微流水养殖、稻田养殖、盐碱地池塘养殖等，主要为单养或混养。

开发利用情况 红罗非鱼为引进种，是尼罗罗非鱼和莫桑比克罗非鱼杂交的一种红色突变种。20世纪60年代引入我国台湾，20世纪70年代引入我国大陆。解决了其人工苗种繁育技术。全国共普查到8个繁育主体开展该资源的活体保种和/或苗种生产。

79. "新吉富"罗非鱼（*Oreochromis niloticus*）

俗名 罗非鱼、非洲鲫。

（唐首杰 提供）

分类地位 动物界（Animalia）、脊索动物门（Chordata）、硬骨鱼纲（Osteichthyes）、鲈形目（Perciformes）、丽鱼科（Cichlidae）、罗非鱼属（*Oreochromis*）。

地位作用 "新吉富"罗非鱼是我国培育的罗非鱼品种，主选性状是体形、性成熟月龄和出肉率，生长速度较引进时提高30%以上，体长/体高为2.18，比相关标准提高10%，出肉率比普通罗非鱼高5%以上。主要用途为食用等。

养殖分布 "新吉富"罗非鱼主要在我国华南、华东、西南、华北等地区养殖，包括：天津、河北、山西、内蒙古、江苏、安徽、福建、江西、山东、湖北、湖南、广东、广西、海南、重庆、四川、云南、西藏、甘肃、宁夏、新疆、新疆生产建设兵团等。

养殖模式 "新吉富"罗非鱼的养殖水体为人工可控的淡水、海水水域，主要养殖模式包括池塘养殖、网箱养殖、工厂化微流水养殖、稻田养殖、盐碱地池塘养殖等，主要为单养或混养。

开发利用情况 "新吉富"罗非鱼为培育种，由上海海洋大学与国家级广东罗非鱼良种场、青岛罗非鱼良种场联合培育，2005年通过全国水产原种和良种审定委员会审定。全国共普查到3个繁育主体开展该资源的活体保种和/或苗种生产。

80.吉富罗非鱼"中威1号"
(*Oreochromis niloticus*)

俗名 罗非鱼、非洲鲫。

（董在杰　提供）

分类地位 动物界（Animalia）、脊索动物门（Chordata）、硬骨鱼纲（Osteichthyes）、鲈形目（Perciformes）、丽鱼科(Cichlidae)、罗非鱼属（*Oreochromis*）。

地位作用 吉富罗非鱼"中威1号"是我国培育的罗非鱼品种，主选性状是生长速度和抗逆性，6月龄平均体重比其他吉富罗非鱼提高15%以上，对链球菌病的抵抗力提高，死亡率降低约14%。主要用途为食用等。

养殖分布 吉富罗非鱼"中威1号"主要在我国东北、华北、华东、西南等地区养殖，包括：河北、山西、辽宁、江苏、浙江、湖南、广东、广西、海南、云南、新疆等。

养殖模式 吉富罗非鱼"中威1号"的养殖水体为人工可控的淡水、海水水域，主要养殖模式包括池塘养殖、网箱养殖、工厂化微流水养殖、稻田养殖、盐碱地池塘养殖等，主要为单养或作为主养种与鲢、鳙、凡纳滨对虾等混养。

开发利用情况 吉富罗非鱼"中威1号"为培育种，由中国水产科学研究院淡水渔业研究中心、通威股份有限公司联合培育，2014年通过全国水产原种和良种审定委员会审定。全国共普查到3个繁育主体开展该资源的活体保种和/或苗种生产。

81. 罗非鱼 "壮罗1号"（*Oreochromis niloticus*）

俗名 罗非鱼、非洲鲫。

（朱佳杰 提供）

分类地位 动物界（Animalia）、脊索动物门（Chordata）、硬骨鱼纲（Osteichthyes）、鲈形目（Perciformes）、丽鱼科(Cichlidae)、罗非鱼属（*Oreochromis*）。

地位作用 罗非鱼 "壮罗1号" 是我国培育的罗非鱼品种，主选性状是抗病性、存活率、生长速度。在相同养殖条件下，与普通吉富罗非鱼相比，抗无乳链球菌侵染能力提高25.6%，成活率提高19.2%。生长速度提高12.1%。主要用途为食用等。

养殖分布 罗非鱼 "壮罗1号" 主要在我国华南、西南、华北、华东等地区养殖，包括：河北、山东、湖南、广东、广西、海南、贵州、云南等。

养殖模式 罗非鱼 "壮罗1号" 的养殖水体为人工可控的淡水、海水水域，主要养殖模式包括池塘养殖、网箱养殖、工厂化微流水养殖、稻田养殖、盐碱地池塘养殖等，主要为单养或混养。

开发利用情况 罗非鱼 "壮罗1号" 为培育种，由广西壮族自治区水产科学研究院、中国水产科学研究院黄海水产研究所联合培育，2018年通过全国水产原种和良种审定委员会审定。

82.尼罗罗非鱼"鹭雄1号"
（*Oreochromis niloticus*）

俗名 全雄罗非鱼、非洲鲫。

分类地位 动物界（Animalia）、脊索动物门（Chordata）、硬骨鱼纲（Osteichthyes）、鲈形目（Perciformes）、丽鱼科(Cichlidae)、罗非鱼属（*Oreochromis*）。

地位作用 尼罗罗非鱼"鹭雄1号"是我国培育的罗非鱼品种，主选性状是雄性率，群体中雄鱼比例达99.00%以上。主要用途为食用等。

养殖分布 尼罗罗非鱼"鹭雄1号"主要在我国西南、华北、西北等地区养殖，包括：山西、江苏、浙江、福建、山东、湖北、湖南、广东、广西、海南、重庆、四川、云南、陕西、新疆等。

养殖模式 尼罗罗非鱼"鹭雄1号"的养殖水体为人工可控的淡水、海水水域，主要养殖模式包括池塘养殖、网箱养殖、工厂化微流水养殖、稻田养殖、盐碱地池塘养殖等，主要为单养或作为主养种与鲢、鳙、凡纳滨对虾等混养。

开发利用情况 尼罗罗非鱼"鹭雄1号"为培育种，由厦门鹭业水产有限公司、广州鹭业水产有限公司、广州市鹭业水产种苗公司、海南鹭业水产有限公司联合培育，2012年通过全国水产原种和良种审定委员会审定。全国共普查到3个繁育主体开展该资源的活体保种和/或苗种生产。

83.奥尼鱼

俗名 全雄罗非鱼、非洲鲫。

（董在杰　提供）

分类地位 杂交种，亲本来源为奥利亚罗非鱼（♂）×尼罗罗非鱼（♀）。

地位作用 奥尼鱼是我国培育的罗非鱼品种，主选性状是雄性率和生长速度，生长速度比父本快17%～72%，比母本快11%～24%，雄性率达90%以上。主要用途为食用等。

养殖分布 奥尼鱼主要在我国华南、西南、华东等地区养殖，包括：山西、江苏、浙江、福建、山东、湖北、湖南、广东、广西、海南、重庆、四川、云南、陕西、新疆等。

养殖模式 奥尼鱼的养殖水体为人工可控的淡水、海水水域，主要养殖模式包括池塘养殖、网箱养殖、工厂化微流水养殖、稻田养殖、盐碱地池塘养殖等，主要为单养或混养。

开发利用情况 奥尼鱼为培育种，由广州市水产研究所和中国水产科学研究院淡水渔业研究中心联合培育，1996年通过全国水产原种和良种审定委员会审定。全国共普查到20个繁育主体开展该资源的活体保种和/或苗种生产。

84.吉奥罗非鱼

俗名 罗非鱼、非洲鲫。

分类地位 杂交种，亲本来源为"新吉富"罗非鱼（♀）×奥利亚罗非鱼（♂）。

地位作用 吉奥罗非鱼是我国培育的罗非鱼品种，主选性状是生长速度、雄性率，生长速度较市售奥尼罗非鱼快25%以上，经筛选培育后雄性率可达98%以上。主要用途为食用等。

养殖分布 吉奥罗非鱼主要在我国华南、华东、西南等地区养殖，包括：北京、天津、河北、山西、上海、江苏、浙江、福建、江西、山东、广东、广西、海南、重庆、云南、陕西、新疆、新疆生产建设兵团等。

养殖模式 吉奥罗非鱼的养殖水体为人工可控的淡水、海水水域，主要养殖模式包括池塘养殖、网箱养殖、工厂化微流水养殖、稻田养殖、盐碱地池塘养殖等，主要为单养或混养。

开发利用情况 吉奥罗非鱼为培育种，由茂名市伟业罗非鱼良种场和上海海洋大学联合培育，2014年通过全国水产原种和良种审定委员会审定。全国共普查到14个繁育主体开展该资源的活体保种和/或苗种生产。

85.福寿鱼

俗名 罗非鱼、非洲鲫。

（曹建萌 提供）

分类地位 杂交种，亲本来源为莫桑比克罗非鱼（♀）×尼罗罗非鱼（♂）。

地位作用 福寿鱼是我国培育的罗非鱼品种，主选性状是生长速度，比莫桑比克罗非鱼快30%～125%，比尼罗罗非鱼快10%～29%。主要用途为食用等。

养殖分布 福寿鱼主要在我国华南、华东、华中等地区养殖，包括：江苏、浙江、安徽、福建、湖北、湖南、广东、广西、海南、重庆等。

养殖模式 福寿鱼的养殖水体为人工可控的淡水、海水水域，主要养殖模式包括池塘养殖、网箱养殖、工厂化微流水养殖、稻田养殖、盐碱地池塘养殖等，主要为单养或混养。

开发利用情况 福寿鱼为培育种，由中国水产科学研究院珠江水产研究所培育，1996年通过全国水产原种和良种审定委员会审定。全国共普查到1个繁育主体开展该资源的活体保种和/或苗种生产。

86.罗非鱼"粤闽1号"

俗名 罗非鱼、非洲鲫。

分类地位 杂交种，亲本来源为尼罗罗非鱼（♀）×超雄罗非鱼（♂）。

地位作用 罗非鱼"粤闽1号"是我国培育的罗非鱼品种，主选性状是雄性率、生长速度，雄性率达98.3%，6月龄生长速度比吉富罗非鱼提高23.8%。主要用途为食用等。

养殖分布 罗非鱼"粤闽1号"主要在我国华北、华南、西南、华东、华中等地区养殖，包括：天津、河北、山西、江苏、浙江、安徽、福建、江西、山东、湖北、湖南、广东、广西、海南、四川、贵州、云南、陕西等。

养殖模式 罗非鱼"粤闽1号"的养殖水体为人工可控的淡水、海水水域，主要养殖模式包括池塘养殖、网箱养殖、工厂化微流水养殖、稻田养殖、盐碱地池塘养殖等，主要为单养或混养。

开发利用情况 罗非鱼"粤闽1号"为培育种，由中国水产科学研究院珠江水产研究所和福建百汇盛源水产种业有限公司联合培育，2020年通过全国水产原种和良种审定委员会审定。全国共普查到6个繁育主体开展该资源的活体保种和/或苗种生产。

87. "吉丽"罗非鱼

俗名 罗非鱼、非洲鲫。

分类地位 杂交种，亲本来源为"新吉富"罗非鱼（♀）×萨罗罗非鱼（♂）的F_1。

地位作用 "吉丽"罗非鱼是我国培育的罗非鱼品种，主选性状是耐盐性、生长速度，适合在盐度15～25水体中养殖，5～6个月可达500g以上规格。主要用途为食用等。

养殖分布 "吉丽"罗非鱼主要在我国华南、西南、华北等地区养殖，包括：河北、广东、广西、海南、云南等。

养殖模式 "吉丽"罗非鱼的养殖水体为人工可控的海水、淡水水域，主要养殖模式包括池塘养殖、网箱养殖、工厂化微流水养殖等，主要为单养或混养。

开发利用情况 "吉丽"罗非鱼为培育种，由上海海洋大学和河北中捷罗非鱼良种场联合培育，2009年通过全国水产原种和良种审定委员会审定。全国共普查到2个繁育主体开展该资源的活体保种和/或苗种生产。

88. "夏奥1号" 奥利亚罗非鱼
（*Oreochromis aureus*）

俗名 罗非鱼、非洲鲫。

分类地位 动物界（Animalia）、脊索动物门（Chordata）、硬骨鱼纲（Osteichthyes）、鲈形目（Perciformes）、丽鱼科(Cichlidae)、罗非鱼属（*Oreochromis*）。

地位作用 "夏奥1号"奥利亚罗非鱼是我国培育的罗非鱼品种，主选性状是雄性率、起捕率和出肉率，大规模生产雄性率可达93%以上，两网起捕率可达80%，出肉率高达35%。主要用途为食用等。

养殖分布 "夏奥1号"奥利亚罗非鱼主要在我国华北、华南、华东、西南等地区养殖，包括：河北、江苏、广西、海南、云南等。

养殖模式 "夏奥1号"奥利亚罗非鱼的养殖水体为人工可控的淡水、海水水域，主要养殖模式包括池塘养殖、网箱养殖、工厂化微流水养殖、稻田养殖、盐碱地池塘养殖等，主要为单养或混养。

开发利用情况 "夏奥1号"奥利亚罗非鱼为培育种，由中国水产科学研究院淡水渔业研究中心培育，2006年通过全国水产原种和良种审定委员会审定。全国共普查到1个繁育主体开展该资源的活体保种和/或苗种生产。

89.莫荷罗非鱼"广福1号"

俗名 罗非鱼、非洲鲫。

分类地位 杂交种，亲本来源为橙色莫桑比克罗非鱼（♀）×荷那龙罗非鱼（♂）。

地位作用 莫荷罗非鱼"广福1号"是我国培育的罗非鱼品种，主选性状是耐盐能力、生长速度。与普通杂交罗非鱼相比，6月龄生长速度提高19%以上。主要用途为食用等。

养殖分布 莫荷罗非鱼"广福1号"主要在我国华南、西南、西北等地区养殖，包括：山西、辽宁、湖南、广东、广西、海南、重庆、云南、陕西等。

养殖模式 莫荷罗非鱼"广福1号"的养殖水体为人工可控的淡水、海水水域，主要养殖模式包括池塘养殖、网箱养殖、工厂化微流水养殖等，主要为单养或混养。

开发利用情况 莫荷罗非鱼"广福1号"为培育种，由中国水产科学研究院珠江水产研究所培育，2015年通过全国水产原种和良种审定委员会审定。

90. 大口黑鲈（*Micropterus salmoides*）

俗名 加州鲈、美洲鲈、黑鲈。

（孙成飞　提供）

分类地位 动物界（Animalia）、脊索动物门（Chordata）、硬骨鱼纲（Osteichthyes）、鲈形目（Perciformes）、棘臀鱼科（Centrarchidae）、黑鲈属（*Micropterus*）。

地位作用 大口黑鲈是我国淡水鱼类主养种。主要用途为食用。

养殖分布 大口黑鲈主要在我国华南、华东、华中、西南、西北、华北、东北等地区养殖，包括：广东、浙江、江苏、湖南、湖北、四川、江西、安徽、福建、山东、河南、贵州、重庆、广西、云南、上海、新疆、新疆生产建设兵团、山西、河北、宁夏、陕西、天津、辽宁、北京、吉林、内蒙古、甘肃等。

养殖模式 大口黑鲈的养殖水体为人工可控的淡水水域，主要养殖模式包括池塘养殖、工厂化养殖等，主要为单养，也可与鲢、鳙等混养。

开发利用情况 大口黑鲈为引进种，自然分布于加拿大和美国，我国20世纪70年代末从美国引进，80年代解决了其人工苗种繁育技术，已有"优鲈1号"和"优鲈3号"等品种通过全国水产原种和良种审定委员会审定。全国共普查到243个繁育主体开展该资源的活体保种和/或苗种生产。

91. 大口黑鲈"优鲈1号"
(*Micropterus salmoides*)

俗名 优鲈1号、加州鲈、美洲鲈、黑鲈。

分类地位 动物界（Animalia）、脊索动物门（Chordata）、硬骨鱼纲（Osteichthyes）、鲈形目（Perciformes）、棘臀鱼科（Centrarchidae）、黑鲈属（*Micropterus*）。

地位作用 大口黑鲈"优鲈1号"是我国培育的第1个大口黑鲈品种，主选性状是生长速度。在相同养殖条件下，大口黑鲈"优鲈1号"的生长速度比普通大口黑鲈快17.8% ~ 25.3%。主要用途为食用。

养殖分布 大口黑鲈"优鲈1号"主要在我国华南、华东、华中、西南等地区养殖，包括：北京、天津、河北、山西、吉林、上海、江苏、浙江、安徽、福建、江西、山东、河南、湖北、湖南、广东、广西、重庆、四川、贵州、云南、陕西、甘肃、宁夏、新疆、新疆生产建设兵团等。

养殖模式 大口黑鲈"优鲈1号"的养殖水体为人工可控的淡水水域，主要养殖模式包括池塘养殖、工厂化养殖等，主要为单养，也可与鲢、鳙等混养。

开发利用情况 大口黑鲈"优鲈1号"为培育种，由中国水产科学研究院珠江水产研究所、广东省佛山市南海区九江镇农林服务中心等单位联合培育，2010年通过全国水产原种和良种审定委员会审定。全国共普查到69个繁育主体开展该资源的活体保种和/或苗种生产。

92.大口黑鲈"优鲈3号"
(*Micropterus salmoides*)

俗名 优鲈3号、加州鲈、美洲鲈、黑鲈。

分类地位 动物界（Animalia）、脊索动物门（Chordata）、硬骨鱼纲（Osteichthyes）、鲈形目（Perciformes）、棘臀鱼科（Centrarchidae）、黑鲈属（*Micropterus*）。

地位作用 大口黑鲈"优鲈3号"是我国培育的大口黑鲈品种，主选性状是生长速度和驯食成功率。在相同养殖条件下，与大口黑鲈"优鲈1号"相比，10月龄生长速度平均提高17.1%，15日龄幼鱼驯食5d后的驯食成功率平均提高10.3%。主要用途为食用。

养殖分布 大口黑鲈"优鲈3号"主要在我国华中、华东、华北、华南等地区养殖，包括：天津、河北、山西、上海、江苏、浙江、安徽、福建、江西、山东、河南、湖北、湖南、广东、广西、重庆、四川、贵州、云南、陕西、甘肃、宁夏、新疆等。

养殖模式 大口黑鲈"优鲈3号"的养殖水体为人工可控的淡水水域，主要养殖模式包括池塘养殖、工厂化养殖等，主要为单养，也可与鲢、鳙等混养。

开发利用情况 大口黑鲈"优鲈3号"为培育种，由中国水产科学研究院珠江水产研究所、广东梁氏水产种业有限公司、南京帅丰饲料有限公司等单位联合培育，2018年通过全国水产原种和良种审定委员会审定。全国共普查到66个繁育主体开展该资源的活体保种和/或苗种生产。

93.乌鳢（*Channa argus*）

俗名 黑鱼、财鱼、生鱼、乌鱼、乌棒、孝鱼、蛇头鱼。

（李凯彬 提供）

分类地位 动物界（Animalia）、脊索动物门（Chordata）、硬骨鱼纲（Osteichthyes）、鲈形目（Perciformes）、鳢科（Channidae）、鳢属（*Channa*）。

地位作用 乌鳢是我国淡水鱼类主养种。主要用途为食用。

养殖分布 乌鳢主要在我国华南、华东、华中、西南、东北、华北、西北等地区养殖，包括：广东、江西、浙江、湖南、山东、安徽、湖北、江苏、四川、重庆、福建、广西、吉林、河南、云南、黑龙江、山西、内蒙古、贵州、辽宁、陕西、河北、新疆、新疆生产建设兵团、宁夏、海南、甘肃等。

养殖模式 乌鳢的养殖水体为淡水，主要养殖模式包括池塘养殖、工厂化养殖、稻田养殖等，主要为单养，也可在主养草鱼、鲢、鲫的池塘中套养。

开发利用情况 乌鳢为本土种，20世纪60年代初解决其人工苗种繁育技术。已有乌斑杂交鳢和杂交鳢"杭鳢1号"等品种通过全国水产原种和良种审定委员会审定。全国共普查到190个繁育主体开展该资源的活体保种和/或苗种生产。

94.斑鳢（*Channa maculata*）

俗名 斑鱼、豺鱼、财鱼、生鱼、文鱼。

（赵建　提供）

分类地位　动物界（Animalia）、脊索动物门（Chordata）、硬骨鱼纲（Osteichthyes）、鲈形目（Perciformes）、鳢科（Channidae）、鳢属（*Channa*）。

地位作用　斑鳢是我国淡水鱼类主养种。主要用途为食用。

养殖分布　斑鳢主要在我国华南、华东、西南等地区养殖，包括：浙江、山东、湖南、广东、广西、海南、四川、云南等。

养殖模式　斑鳢的养殖水体为淡水，主要养殖模式包括池塘养殖、工厂化养殖、稻田养殖等，主要为单养，也可在主养草鱼、鲢、鲫的池塘中套养。

开发利用情况　斑鳢为本土种，21世纪初解决了其人工苗种繁育技术。已有乌斑杂交鳢和杂交鳢"杭鳢1号"等品种通过全国水产原种和良种审定委员会审定。全国共普查到5个繁育主体开展该资源的活体保种和/或苗种生产。

95.乌斑杂交鳢

俗名 黑鱼、财鱼、生鱼、斑鱼、乌鱼、乌棒、孝鱼、蛇头鱼。

分类地位 杂交种，亲本来源为乌鳢（♀）×斑鳢（♂）。

地位作用 乌斑杂交鳢是我国培育的鳢品种，主选性状是生长速度。在相同养殖条件下（投喂冰鲜鱼），生长速度较乌鳢快24.7%，较斑鳢快70%以上。主要用途为食用。

养殖分布 乌斑杂交鳢主要在我国华南、华东、西南等地区养殖，包括：山西、上海、江苏、浙江、安徽、山东、河南、湖南、广东、广西、四川、云南、甘肃等。

养殖模式 乌斑杂交鳢的养殖水体为人工可控的淡水水域，主要养殖模式包括池塘养殖、工厂化养殖、稻田养殖等，主要为单养，也可在主养草鱼、鲢、鲫的池塘中套养。

开发利用情况 乌斑杂交鳢为培育种，由中国水产科学研究院珠江水产研究所、广东省中山市三角镇惠农水产种苗繁育场等单位联合培育，2014年通过全国水产原种和良种审定委员会审定。全国共普查到16个繁育主体开展该资源的活体保种和/或苗种生产。

96.杂交鳢 "杭鳢1号"

俗名 杭鳢1号、黑鱼、财鱼、生鱼、斑鱼、乌鱼、乌棒、孝鱼、蛇头鱼。

分类地位 杂交种，亲本来源为斑鳢（♀）× 乌鳢（♂）。

地位作用 杂交鳢 "杭鳢1号"是我国自主培育的鳢品种，主选性状是生长速度。在相同养殖条件下，生长速度较乌鳢快20%以上，较斑鳢快50%以上。主要用途为食用。

养殖分布 杂交鳢 "杭鳢1号"主要在我国华南、华东、西南等地区养殖，包括：江苏、浙江、山东、河南、广东、广西、重庆、四川、云南等。

养殖模式 杂交鳢 "杭鳢1号"的养殖水体为人工可控的淡水水域，主要养殖模式包括池塘养殖、工厂化养殖、稻田养殖等，主要为单养，也可在主养草鱼、鲢、鲫的池塘中套养。

开发利用情况 杂交鳢 "杭鳢1号"为培育种，由浙江省杭州市农业科学研究院水产研究所培育，2009年通过全国水产原种和良种审定委员会审定。全国共普查到15个繁育主体开展该资源的活体保种和/或苗种生产。

97.翘嘴鳜（*Siniperca chuatsi*）

俗名 鳌花、桂花、桂鱼。

（孙成飞　提供）

分类地位 动物界（Animalia）、脊索动物门（Chordata）、硬骨鱼纲（Osteichthyes）、鲈形目（Perciformes）、真鲈科（Percichthyidae）、鳜属（*Siniperca*）。

地位作用 翘嘴鳜是我国淡水鱼类主养种。主要用途为食用。

养殖分布 翘嘴鳜主要在我国华南、华中、华东、西南、东北、华北等地区养殖，包括：广东、湖北、安徽、江西、江苏、湖南、浙江、山东、四川、黑龙江、福建、重庆、辽宁、广西、吉林、河南、上海、贵州、内蒙古、河北等。

养殖模式 翘嘴鳜的养殖水体为淡水，主要养殖模式包括池塘养殖、网箱养殖、大水面增养殖等，可单养，也可混养。

开发利用情况 翘嘴鳜为本土种，20世纪80年代解决了其人工苗种繁育技术。已有翘嘴鳜"华康1号"、翘嘴鳜"广清1号"、全雌翘嘴鳜"鼎鳜1号"、秋浦杂交斑鳜、长珠杂交鳜等品种通过全国水产原种和良种审定委员会审定。全国共普查到222个繁育主体开展该资源的活体保种和/或苗种生产。

98.斑鳜（*Siniperca scherzeri*）

俗名 鳌花、石鳜、岩鳜、花鲫子。

（董浚键　提供）

分类地位 动物界（Animalia）、脊索动物门（Chordata）、硬骨鱼纲（Osteichthyes）、鲈形目（Perciformes）、真鲈科（Percichthyidae）、鳜属（*Siniperca*）。

地位作用 斑鳜是我国淡水鱼类主养种。主要用途为食用。

养殖分布 斑鳜主要在我国华中、华东、华南等地区养殖，包括：内蒙古、辽宁、吉林、上海、江苏、浙江、安徽、福建、江西、山东、河南、湖北、湖南、广东、广西、重庆、四川、贵州、云南、陕西、新疆等。

养殖模式 斑鳜的养殖水体为淡水，主要养殖模式包括池塘养殖、网箱养殖、大水面增养殖等，可单养，也可混养。

开发利用情况 斑鳜为本土种，20世纪80年代我国开始了斑鳜的繁殖行为研究，21世纪初解决了其人工苗种繁育技术。已有秋浦杂交斑鳜、长珠杂交鳜等品种通过全国水产原种和良种审定委员会审定。全国共普查到20个繁育主体开展该资源的活体保种和/或苗种生产。

99.大眼鳜（*Siniperca knerii*）

俗名 白桂、母猪壳、刺薄鱼、羊眼桂鱼。

（储乔江 提供）

分类地位 动物界（Animalia）、脊索动物门（Chordata）、硬骨鱼纲（Osteichthyes）、鲈形目（Perciformes）、真鲈科（Percichthyidae）、鳜属（*Siniperca*）。

地位作用 大眼鳜是我国淡水鱼类主养种翘嘴鳜的近缘种。主要用途为食用。

养殖分布 大眼鳜主要在我国华东、华南、西南等地区养殖，包括：江苏、浙江、安徽、福建、江西、河南、湖北、湖南、广东、广西、重庆、四川、贵州等。

养殖模式 大眼鳜的养殖水体为淡水，主要养殖模式包括池塘养殖、工厂化养殖等，主要为单养，也可与克氏原螯虾、中华绒螯蟹等混养。

开发利用情况 大眼鳜为本土种，是我国南方的特有种，主要分布在珠江、明河、钱塘江、长江和淮河等流域。目前已解决了其人工苗种繁育技术。全国共普查到6个繁育主体开展该资源的活体保种和/或苗种生产。

100.翘嘴鳜"华康1号"（*Siniperca chuatsi*）

俗名 华康1号、桂鱼、桂花鱼、胖鳜鱼、季花鱼、鳌鱼、花鲫。

（董浚键 提供）

分类地位 动物界（Animalia）、脊索动物门（Chordata）、硬骨鱼纲（Osteichthyes）、鲈形目（Perciformes）、真鲈科（Percichthyidae）、鳜属（*Siniperca*）。

地位作用 翘嘴鳜"华康1号"是我国培育的第1个鳜品种，主选性状是生长速度。在相同养殖条件下，较普通翘嘴鳜产量提高18.54%以上。主要用途为食用。

养殖分布 翘嘴鳜"华康1号"主要在我国华中、华南、华北、东北、华东等地区养殖，包括：内蒙古、吉林、黑龙江、江苏、浙江、江西、湖北、湖南、广东、广西、重庆、云南、新疆等。

养殖模式 翘嘴鳜"华康1号"的养殖水体为人工可控的淡水水域，主要养殖模式包括池塘养殖、工厂化养殖等，主要为单养，也可与草鱼、鲢、鳙及部分甲壳类等混养。

开发利用情况 翘嘴鳜"华康1号"为培育种，由广东清远宇顺农牧渔业科技服务有限公司和华中农业大学等单位采用群体选育法联合培育而成，2014年通过全国水产原种和良种审定委员会审定。全国共普查到4个繁育主体开展该资源的活体保种和/或苗种生产。

101.翘嘴鳜 "广清1号"（*Siniperca chuatsi*）

俗名 广清1号、桂鱼、桂花鱼、胖鳜鱼、季花鱼、鳌鱼、花鲫。

分类地位 动物界（Animalia）、脊索动物门（Chordata）、硬骨鱼纲（Osteichthyes）、鲈形目（Perciformes）、真鲈科（Percichthyidae）、鳜属（*Siniperca*）。

地位作用 翘嘴鳜 "广清1号" 是我国培育的鳜品种，主选性状是生长速度和成活率。在相同养殖条件下，与翘嘴鳜 "华康1号" 相比，生长速度平均提高16.3%，成活率平均提高12.6%。主要用途为食用。

养殖分布 翘嘴鳜 "广清1号" 主要在我国东北、华东、华中、华南、西南等地区养殖，包括：辽宁、吉林、黑龙江、江苏、浙江、安徽、江西、河南、湖北、湖南、广东、广西、四川、贵州、云南等。

养殖模式 翘嘴鳜 "广清1号" 的养殖水体为人工可控的淡水水域，主要养殖模式包括池塘养殖、工厂化养殖等，主要为单养，也可与草鱼、鲢、鳙及部分甲壳类等混养。

开发利用情况 翘嘴鳜 "广清1号" 为培育种，由中国水产科学研究院珠江水产研究所和清远市清新区宇顺农牧渔业科技服务有限公司等单位联合培育，2021年通过全国水产原种和良种审定委员会审定。全国共普查到4个繁育主体开展该资源的活体保种和/或苗种生产。

102. 全雌翘嘴鳜"鼎鳜1号"
(*Siniperca chuatsi*)

俗名 全雌翘嘴鳜、桂鱼、桂花鱼、胖鳜鱼、季花鱼、鳌鱼、花鲫。

分类地位 动物界（Animalia）、脊索动物门（Chordata）、硬骨鱼纲（Osteichthyes）、鲈形目（Perciformes）、真鲈科（Percichthyidae）、鳜属（*Siniperca*）。

地位作用 全雌翘嘴鳜"鼎鳜1号"是我国培育的鳜品种，主选性状是生长速度和雌性率。在相同养殖条件下，与未经选育的翘嘴鳜相比，7月龄鱼生长速度平均提高18.7%；雌性率较高，平均雌性率为97.0%以上。主要用途为食用。

养殖分布 全雌翘嘴鳜"鼎鳜1号"主要在我国华中、华南等地区养殖，包括：江西、湖北、湖南、广东、云南等。

养殖模式 全雌翘嘴鳜"鼎鳜1号"的养殖水体为人工可控的淡水水域，主要养殖模式包括池塘养殖、工厂化养殖等，主要为单养，也可与草鱼、鲢、鳙及部分甲壳类等混养。

开发利用情况 全雌翘嘴鳜"鼎鳜1号"为培育种，由广东梁氏水产种业有限公司、中山大学等单位联合培育，2021年通过全国水产原种和良种审定委员会审定。全国共普查到1个繁育主体开展该资源的活体保种和/或苗种生产。

103.长珠杂交鳜

俗名 杂交鳜。

分类地位 杂交种，亲本来源为翘嘴鳜（♀）×斑鳜（♂）。

地位作用 长珠杂交鳜是我国培育的鳜品种，是以洞庭湖采捕并经4代群体选育的翘嘴鳜雌鱼为母本，以珠江采捕并经2代群体选育的斑鳜雄鱼为父本，杂交获得的F_1。主选性状是成活率和生长速度，在相同养殖条件下，7月龄鱼成活率比母本翘嘴鳜平均提高20%，平均体重是父本斑鳜的3.2倍。主要用途为食用。

养殖分布 长珠杂交鳜主要在我国华东、华南、华中等地区养殖，包括：天津、内蒙古、黑龙江、江苏、浙江、安徽、江西、湖北、湖南、广东、广西、重庆、四川、云南等。

养殖模式 长珠杂交鳜的养殖水体为人工可控的淡水水域，主要养殖模式包括池塘养殖、工厂化养殖等，主要为单养，也可与草鱼、鲢、鳙及部分甲壳类等混养。

开发利用情况 长珠杂交鳜为培育种，由中山大学和广东海大集团股份有限公司等单位联合培育，2016年通过全国水产原种和良种审定委员会审定。全国共普查到4个繁育主体开展该资源的活体保种和/或苗种生产。

104.秋浦杂交斑鳜

俗名 杂交鳜。

（钱叶周　提供）

分类地位 杂交种，亲本来源为斑鳜（♀）×翘嘴鳜（♂）。

地位作用 秋浦杂交斑鳜是我国培育的鳜品种，主选性状是生长速度和饲料系数。在相同养殖条件下，6月龄鱼平均体重比斑鳜提高160%以上，饲料系数较斑鳜低，营养成分组成比例与斑鳜相近。主要用途为食用。

养殖分布 秋浦杂交斑鳜主要在我国华东、华中、华南等地区养殖，包括：辽宁、吉林、上海、江苏、浙江、安徽、福建、江西、河南、湖北、湖南、广东、广西、重庆、四川、贵州、云南、甘肃等。

养殖模式 秋浦杂交斑鳜的养殖水体为人工可控的淡水水域，主要养殖模式包括池塘养殖、工厂化养殖等，主要为单养，也可与草鱼、鲢、鳙及部分甲壳类等混养。

开发利用情况 秋浦杂交斑鳜为培育种，由池州市秋浦特种水产开发有限公司和上海海洋大学等单位联合培育，2014年通过全国水产原种和良种审定委员会审定。全国共普查到7个繁育主体开展该资源的活体保种和/或苗种生产。

105.长吻鮠（*Tachysurus dumerili*）

俗名 鮰鱼、长江鮰鱼（江苏）、淮王鱼（安徽）、江团（四川）、宝山鮰鱼（上海宝山）、肥沱、肥王鱼。

（罗刚 提供）

分类地位 动物界（Animalia）、脊索动物门（Chordata）、硬骨鱼纲（Osteichthyes）、鲇形目（Siluriformes）、鲿科（Bagridae）、疯鲿属（*Tachysurus*）。

地位作用 长吻鮠是我国淡水鱼类主养种。主要用途为食用。

养殖分布 长吻鮠主要在我国西南、华南、华东、华中、西北等地区养殖，包括：四川、广东、重庆、浙江、湖北、云南、江西、贵州、福建、湖南、广西、陕西、江苏、安徽等。

养殖模式 长吻鮠的养殖水体为淡水，主要养殖模式包括池塘养殖、网箱养殖等，池塘养殖可套养鲢、鳙等滤食性鱼类。

开发利用情况 长吻鮠为本土种。20世纪80年代，解决了其人工苗种繁育技术。全国共普查到54个繁育主体开展该资源的活体保种和/或苗种生产。

106. 斑点叉尾鮰 (*Ictalurus punctatus*)

俗名 叉尾鮰、鮰鱼、叉尾、梭边鱼、清江鱼、骨鱼、钳鱼。

（陈啸　提供）

分类地位　动物界（Animalia）、脊索动物门（Chordata）、硬骨鱼纲（Osteichthyes）、鲇形目（Siluriformes）、鮰科（Ictaluridae）、真鮰属（*Ictalurus*）。

地位作用　斑点叉尾鮰是我国淡水鱼类主养种。主要用途为食用。

养殖分布　斑点叉尾鮰主要在我国西南、华南、华中、华东、西北、华北、东北等地区养殖，包括：四川、广东、湖北、河南、广西、湖南、上海、山东、江西、重庆、安徽、云南、宁夏、福建、河北、新疆、陕西、贵州、浙江、天津、山西、江苏、北京、甘肃、辽宁、黑龙江、吉林等。

养殖模式　斑点叉尾鮰的养殖水体为人工可控的淡水水域，主要养殖模式包括池塘养殖、网箱养殖等，可单养，也可混养。

开发利用情况　斑点叉尾鮰为引进种，原产于美洲。1984年由湖北省水产科学研究所从美国引进天然苗种，1987年解决了其人工苗种繁育技术，已有斑点叉尾鮰"江丰1号"1个品种通过全国水产原种和良种审定委员会审定。全国共普查到131个繁育主体开展该资源的活体保种和/或苗种生产。

107.斑点叉尾鮰"江丰1号"
（*Ictalurus punctatus*）

俗名 江丰1号、叉尾鮰、鮰鱼、叉尾、梭边鱼、清江鱼、骨鱼、钳鱼。

分类地位 动物界（Animalia）、脊索动物门（Chordata）、硬骨鱼纲（Osteichthyes）、鲇形目（Siluriformes）、鮰科（Ictaluridae）、真鮰属（*Ictalurus*）。

地位作用 斑点叉尾鮰"江丰1号"是我国培育的第1个斑点叉尾鮰品种，主选性状是生长速度，生长速度比普通鮰鱼快25.3%。主要用途为食用。

养殖分布 斑点叉尾鮰"江丰1号"主要在我国华东、华中、华南、西南等地区养殖，包括：北京、天津、河北、山西、辽宁、黑龙江、上海、江苏、浙江、安徽、江西、山东、河南、湖北、湖南、广东、广西、重庆、四川、贵州、云南、陕西、甘肃、宁夏、新疆、新疆生产建设兵团等。

养殖模式 斑点叉尾鮰"江丰1号"的养殖水体为人工可控的淡水水域，主要养殖模式包括池塘养殖、网箱养殖等，可单养，也可混养。

开发利用情况 斑点叉尾鮰"江丰1号"为培育种，由江苏省淡水水产研究所、全国水产技术推广总站和中国水产科学研究院黄海水产研究所联合培育，2013年通过全国水产原种和良种审定委员会审定。全国共普查到5个繁育主体开展该资源的活体保种和/或苗种生产。

108.胡子鲇（*Clarias fuscus*）

俗名 过山鳅、塘角鱼、塘虱鱼、土杀鱼、棕胡鲇。

（陈啸　提供）

分类地位 动物界（Animalia）、脊索动物门（Chordata）、硬骨鱼纲（Osteichthyes）、鲇形目（Siluriformes）、胡子鲇科（Clariidae）、胡子鲇属（*Clarias*）。

地位作用 胡子鲇是我国淡水鱼类主养种。主要用途为食用。

养殖分布 胡子鲇主要在我国华南、西南、华东、华中等地区养殖，包括：江苏、浙江、安徽、福建、江西、山东、河南、湖北、湖南、广东、广西、海南、重庆、四川、贵州、云南等。

养殖模式 胡子鲇的养殖水体为淡水，主要养殖模式包括池塘养殖、网箱养殖、大水面增养殖等，主要作为主养种与鲢、鳙等混养。

开发利用情况 胡子鲇为本土种，20世纪50年代中期在广东、广西、福建等地进行养殖试验，60年代初，解决了其苗种繁育技术。全国共普查到111个繁育主体开展该资源的活体保种和/或苗种生产。

109.大口鲇（*Silurus meridionalis*）

俗名 河鲇、鲇巴郎、叉口鲇、鲇拐子。

（陈啸 提供）

分类地位 动物界（Animalia）、脊索动物门（Chordata）、硬骨鱼纲（Osteichthyes）、鲇形目（Siluriformes）、鲇科（Siluridae）、鲇属（*Silurus*）。

地位作用 大口鲇是我国淡水鱼类主养种。主要用途为食用。

养殖分布 大口鲇主要在我国西南、华南、华中、华东等地区养殖，包括：天津、内蒙古、辽宁、吉林、江苏、浙江、安徽、福建、江西、山东、河南、湖北、湖南、广东、广西、海南、重庆、四川、贵州、云南、陕西、宁夏、新疆等。

养殖模式 大口鲇的养殖水体为淡水，主要养殖模式包括池塘养殖、网箱养殖等，主要作为主养种与鲢、鳙等混养。

开发利用情况 大口鲇为本土种，自然分布在长江流域的干、支流及其附属湖泊，珠江流域的红水河、柳江等河流。20世纪80年代中期开始进行人工驯化养殖，并解决了其人工苗种繁育技术。全国共普查到46个繁育主体开展该资源的活体保种和/或苗种生产。

110.鲇（*Silurus asotus*）

俗名 河鲇、鲇巴郎、叉口鲇、鲇拐子。

（朱挺兵　提供）

分类地位 动物界（Animalia）、脊索动物门（Chordata）、硬骨鱼纲（Osteichthyes）、鲇形目（Siluriformes）、鲇科（Siluridae）、鲇属（*Silurus*）。

地位作用 鲇是我国淡水鱼类主养种。主要用途为食用。

养殖分布 鲇主要在我国东北、华中、华南、华东、西南等地区养殖，包括：北京、河北、山西、内蒙古、辽宁、吉林、黑龙江、上海、安徽、福建、江西、山东、河南、湖北、湖南、广东、广西、四川、贵州、云南、陕西等。

养殖模式 鲇的养殖水体为淡水，主要养殖模式包括池塘养殖、网箱养殖等，主要作为主养种与鲢、鳙等混养。

开发利用情况 鲇为本土种，已解决其人工苗种繁育技术。全国共普查到10个繁育主体开展该资源的活体保种和/或苗种生产。

111.怀头鲇（*Silurus soldatovi*）

俗名 怀子(辽宁)、怀头(黑龙江)。

(孙慧智 提供)

分类地位 动物界（Animalia）、脊索动物门（Chordata）、硬骨鱼纲（Osteichthyes）、鲇形目（Siluriformes）、鲇科（Siluridae）、鲇属（*Silurus*）。

地位作用 怀头鲇是我国淡水鱼类主养种。主要用途为食用。

养殖分布 怀头鲇主要在我国东北、华南、西北、华东等地区养殖，包括：内蒙古、辽宁、吉林、黑龙江、安徽、广西、四川、宁夏等。

养殖模式 怀头鲇的养殖水体为淡水，主要养殖模式包括池塘养殖、大水面增养殖等。

开发利用情况 怀头鲇为本土种，自然分布于东北地区黑龙江、辽河水系、兴凯湖及海河等。20世纪末，解决了其人工苗种繁育技术。全国共普查到5个繁育主体开展该资源的活体保种和/或苗种生产。

112.革胡子鲇（*Clarias gariepinus*）

俗名　埃及塘虱、埃及胡子鲇。

（罗刚　提供）

分类地位　动物界（Animalia）、脊索动物门（Chordata）、硬骨鱼纲（Osteichthyes）、鲇形目（Siluriformes）、胡子鲇科（Clariidae）、胡子鲇属（*Clarias*）。

地位作用　革胡子鲇是我国淡水鱼类主养种。主要用途为食用。

养殖分布　革胡子鲇主要在我国华北、东北、华东、华中、华南、西南、西北等地区养殖，包括：天津、山西、内蒙古、辽宁、吉林、江苏、浙江、安徽、福建、江西、山东、河南、湖北、湖南、广东、广西、海南、重庆、四川、贵州、云南、陕西、甘肃、新疆等。

养殖模式　革胡子鲇的养殖水体为人工可控的淡水水域，主要养殖模式包括池塘养殖、网箱养殖等，以高密度主养为主。

开发利用情况　革胡子鲇为引进种，自然分布于非洲尼罗河水系。1981年从埃及引入我国广东省，并解决了其人工苗种繁育技术。全国共普查到23个繁育主体开展该资源的活体保种和/或苗种生产。

113.黄颡鱼（*Pelteobagrus fulvidraco*）

俗名 黄辣丁、牛尾子、齐口头、朗丝、角角鱼、黄姑子、黄沙古、黄角丁、刺黄股、昂刺鱼、昂公、嘎鱼等。

（梅洁 提供）

分类地位 动物界（Animalia）、脊索动物门（Chordata）、硬骨鱼纲（Osteichthyes）、鲇形目（Siluriformes）、鲿科（Bagridae）、黄颡鱼属（*Pelteobagrus*）。

地位作用 黄颡鱼是我国淡水鱼类主养种。主要用途为食用。

养殖分布 黄颡鱼主要在我国华中、华东、华南、西南等地区养殖，包括：湖北、浙江、广东、江西、四川、湖南、安徽、江苏、重庆、广西、福建、山东、云南、吉林、天津、河南、黑龙江、贵州、上海、河北、辽宁、陕西、山西、新疆、北京、内蒙古、宁夏、甘肃等。

养殖模式 黄颡鱼的养殖水体为淡水，主要养殖模式包括池塘养殖、网箱养殖等，可作为主养鱼类套养鲢、鳙，也可在其他家鱼主养池中少量套养。

开发利用情况 黄颡鱼为本土种，20世纪90年代解决了其人工苗种繁育技术，现有多家单位开展黄颡鱼的人工遗传改良工作，已有黄颡鱼"全雄1号"和杂交黄颡鱼"黄优1号"等品种通过全国水产原种和良种审定委员会审定。全国共普查到351个繁育主体开展该资源的活体保种和/或苗种生产。

114.瓦氏黄颡鱼（*Pseudobagrus vachellii*）

俗名 江黄颡、江昂、硬角黄腊丁、郎丝江颡、嘎呀子、昂叽等。

（梅洁 提供）

分类地位 动物界（Animalia）、脊索动物门（Chordata）、硬骨鱼纲（Osteichthyes）、鲇形目（Siluriformes）、鲿科（Bagridae）、拟鲿属（*Pseudobagrus*）。

地位作用 瓦氏黄颡鱼是我国淡水鱼类主养殖种。主要用途为食用。

养殖分布 瓦氏黄颡鱼主要在我国华中、华东、华南、西南等地区养殖，包括：辽宁、江苏、浙江、安徽、江西、河南、湖北、湖南、广东、广西、重庆、四川、贵州、云南等。

养殖模式 瓦氏黄颡鱼的养殖水体为淡水，主要养殖模式包括池塘养殖、网箱养殖等，主要作为主养鱼养殖。

开发利用情况 瓦氏黄颡鱼为本土种，20世纪90年代末，解决了其人工苗种繁育技术。全国共普查到12个繁育主体开展该资源的活体保种和/或苗种生产。

115. 黄颡鱼 "全雄1号"
（*Pelteobagrus fulvidraco*）

俗名 全雄1号、黄辣丁、牛尾子、齐口头、朗丝、角角鱼、黄姑子、黄沙古、黄角丁、刺黄股、昂刺鱼、昂公、嘎鱼等。

分类地位 动物界（Animalia）、脊索动物门（Chordata）、硬骨鱼纲（Osteichthyes）、鲇形目（Siluriformes）、鲿科（Bagridae）、黄颡鱼属（*Pelteobagrus*）。

地位作用 黄颡鱼 "全雄1号" 是我国培育的第1个黄颡鱼品种，主选性状是生长速度和雄性率。鱼种养殖阶段生长速度比普通黄颡鱼提高18%以上，成鱼养殖阶段比普通黄颡鱼提高43.5%～56.8%，产量提高45.5%。主要用途为食用。

养殖分布 黄颡鱼 "全雄1号" 主要在我国华南、华中、西南等地区养殖，包括：山西、辽宁、黑龙江、上海、江苏、浙江、安徽、福建、江西、山东、河南、湖北、湖南、广东、广西、重庆、四川、贵州、云南、宁夏、新疆、新疆生产建设兵团等。

养殖模式 黄颡鱼 "全雄1号" 的养殖水体为人工可控的淡水水域，主要养殖模式包括池塘养殖、网箱养殖、陆基循环水养殖等，可作为主养鱼类套养鲢、鳙，也可在其他家鱼主养池中少量套养。

开发利用情况 黄颡鱼 "全雄1号" 为培育种，由水利部中国科学院水工程生态研究所、中国科学院水生生物研究所、武汉百瑞生物技术有限公司联合培育，2010年通过全国水产原种和良种审定委员会审定。全国共普查到30个繁育主体开展该资源的活体保种和/或苗种生产。

116.杂交黄颡鱼"黄优1号"

俗名 黄优1号、黄姑鱼、黄辣丁、昂刺鱼、嘎鱼、昂公等。

分类地位 杂交种，亲本来源为黄颡鱼（♀）×瓦氏黄颡鱼（♂）。

地位作用 杂交黄颡鱼"黄优1号"是我国培育的黄颡鱼杂交品种，主选性状是生长速度和成活率。在相同养殖条件下，1龄鱼生长速度比母本提高143.4%；比普通黄颡鱼提高31.1%，成活率提高30.9%。主要用途为食用。

养殖分布 杂交黄颡鱼"黄优1号"主要在我国华中、西南、华东等地区养殖，包括：北京、天津、河北、山西、辽宁、吉林、江苏、浙江、安徽、福建、江西、山东、河南、湖北、湖南、广东、广西、重庆、四川、贵州、云南、陕西、甘肃等。

养殖模式 杂交黄颡鱼"黄优1号"的养殖水体为人工可控的淡水水域，主要养殖模式包括池塘养殖、网箱养殖等。可作为主养鱼类套养鲢、鳙，也可在其他家鱼主养池中少量套养。

开发利用情况 杂交黄颡鱼"黄优1号"为培育种，由华中农业大学、射阳康余水产技术有限公司、南京师范大学等联合培育，2018年通过全国水产原种和良种审定委员会审定。全国共普查到56个繁育主体开展该资源的活体保种和/或苗种生产。

117. 日本鳗鲡（*Anguilla japonica*）

俗名 河鳗、青鳗、白鳝。

（樊海平 提供）

分类地位 动物界（Animalia）、脊索动物门（Chordata）、硬骨鱼纲（Osteichthyes）、鳗鲡目（Anguilliformes）、鳗鲡科（Anguillidae）、鳗鲡属（*Anguilla*）。

地位作用 日本鳗鲡是我国淡水鱼类主养种。主要用途为食用。

养殖分布 日本鳗鲡主要在我国华东、华南、华中、西南等地区养殖，包括：河北、上海、江苏、浙江、安徽、福建、江西、山东、湖北、湖南、广东、广西、海南、四川、新疆等。

养殖模式 日本鳗鲡的养殖水体为淡水，主要养殖模式包括池塘养殖、工厂化养殖等。

开发利用情况 日本鳗鲡为本土种，1972年，我国开始尝试养殖鳗鱼，改革开放后鳗鱼养殖业迅速崛起。我国已成为世界第一大养鳗国，但尚未解决其人工苗种繁育技术，完全依赖于自然捕捞。全国共普查到2个繁育主体开展该资源的活体保种和/或苗种生产。

118.美洲鳗鲡（*Anguilla rostrata*）

俗名 鳗鱼、美洲鳗。

（樊海平　提供）

  分类地位 动物界（Animalia）、脊索动物门（Chordata）、硬骨鱼纲（Osteichthyes）、鳗鲡目（Anguilliformes）、鳗鲡科（Anguillidae）、鳗鲡属（*Anguilla*）。

  地位作用 美洲鳗鲡是我国淡水鱼类主养种。主要用途为食用。

  养殖分布 美洲鳗鲡主要在我国华东、华南、华中、西北等地区养殖，包括：江苏、安徽、福建、江西、湖北、湖南、广东、广西、海南、新疆等。

  养殖模式 美洲鳗鲡的养殖水体为人工可控的淡水水域，主要养殖模式为水泥池精养。

  开发利用情况 美洲鳗鲡为引进种，是新兴的养殖种类。我国于1996年引入试养并逐步推广，尚未解决其人工苗种繁育技术，苗种主要依赖进口。

119.双色鳗鲡（*Anguilla bicolor*）

俗名 彩色鳗。

（樊海平　提供）

　　分类地位 动物界（Animalia）、脊索动物门（Chordata）、硬骨鱼纲（Osteichthyes）、鳗鲡目（Anguilliformes）、鳗鲡科（Anguillidae）、鳗鲡属（*Anguilla*）。

　　地位作用 双色鳗鲡是我国淡水鱼类主养种日本鳗鲡的近缘种。主要用途为食用。

　　养殖分布 双色鳗鲡主要在我国福建等地区养殖。

　　养殖模式 双色鳗鲡的养殖水体为人工可控的淡水水域，主要养殖模式为池塘精养。

　　开发利用情况 双色鳗鲡为引进种，我国于近年引进，尚未解决其人工苗种繁育技术。

120. 黄鳝（*Monopterus albus*）

俗名　鳝鱼、田鳝、田鳗、长鱼、血鱼、无鳞公子、蛇鱼。

（蓝家湖　提供）

分类地位　动物界（Animalia）、脊索动物门（Chordata）、硬骨鱼纲（Osteichthyes）、合鳃鱼目（Synbranchiformes）、合鳃鱼科（Synbranchidae）、黄鳝属（*Monopterus*）。

地位作用　黄鳝是我国淡水鱼类主养种。主要用途为食用和药用。

养殖分布　黄鳝主要在我国华中、华东、西南、华南、西北等地区养殖，包括：湖北、江西、安徽、湖南、四川、江苏、山东、河南、广东、广西、重庆、浙江、福建、云南、贵州、陕西、海南等。

养殖模式　黄鳝的养殖水体为淡水，主要养殖模式包括池塘养殖、网箱养殖、稻田养殖等。

开发利用情况　黄鳝为本土种，为我国传统名优养殖种类，养殖技术已逐步趋于成熟，近年来，初步解决了其人工苗种繁育技术。全国共普查到16个繁育主体开展该资源的活体保种和/或苗种生产。

121. 泥鳅（*Misgurnus anguillicaudatus*）

俗名 青鳅、鱼鳅、泥鳅鱼、拧沟、泥沟娄子。

（中国科学院昆明动物研究所　提供）

分类地位 动物界（Animalia）、脊索动物门（Chordata）、硬骨鱼纲（Osteichthyes）、鲤形目（Cypriniformes）、花鳅科（Cobitidae）、泥鳅属（*Misgurnus*）。

地位作用 泥鳅是我国淡水鱼类主养种。主要用途为食用。

养殖分布 泥鳅主要在我国华东、华南、华中、西南、东北、华北、西北等地区养殖，包括：江西、广东、湖北、安徽、江苏、浙江、四川、湖南、重庆、黑龙江、山东、河南、辽宁、吉林、河北、广西、福建、天津、贵州、云南、陕西、内蒙古、宁夏、上海、海南、新疆、北京、山西、甘肃等。

养殖模式 泥鳅的养殖水体为淡水，主要养殖模式包括池塘养殖、稻田养殖、网箱养殖等。

开发利用情况 泥鳅为本土种，是我国传统养殖种类。20世纪50年代中期，我国开始驯养并逐步在部分地区发展，已解决其人工苗种繁育技术。全国共普查到83个繁育主体开展该资源的活体保种和/或苗种生产。

122.大鳞副泥鳅（*Paramisgurnus dabryanus*）

俗名 泥鳅、大泥鳅、黄板鳅。

（中国科学院昆明动物研究所　提供）

分类地位　动物界（Animalia）、脊索动物门（Chordata）、硬骨鱼纲（Osteichthyes）、鲤形目（Cypriniformes）、花鳅科（Cobitidae）、副泥鳅属（*Paramisgurnus*）。

地位作用　大鳞副泥鳅是我国淡水鱼类主养种。主要用途为食用。

养殖分布　大鳞副泥鳅主要在我国华东、华南、华中、西南、东北、华北、西北等地区养殖，包括：江西、广东、湖北、安徽、江苏、浙江、四川、湖南、重庆、黑龙江、山东、河南、辽宁、吉林、河北、广西、福建、天津、云南、贵州、内蒙古、宁夏、上海、新疆、北京等。

养殖模式　大鳞副泥鳅的养殖水体为淡水，主要养殖模式包括池塘养殖、稻田养殖、网箱养殖等。

开发利用情况　大鳞副泥鳅为本土种，近年来大鳞副泥鳅人工繁育、人工养殖技术得到较好的发展，已解决其人工苗种繁育技术。目前全国共普查到125个繁育主体开展该资源的活体保种和/或苗种生产。

123.杂交鲟"鲟龙1号"

俗名 鲟龙1号。

分类地位 杂交种，亲本来源为达氏鳇（♀）×施氏鲟（♂）。

地位作用 杂交鲟"鲟龙1号"是我国培育的第1个鲟鱼品种，主选性状是生长速度和性腺指数。在相同养殖条件下，1龄鱼生长速度比父本施氏鲟平均提高19.1%；4龄鱼生长速度比父本施氏鲟平均提高90.3%；7龄鱼性腺指数比母本达氏鳇高3.93%，比父本施氏鲟高2.44%。主要用途为食用等。

养殖分布 杂交鲟"鲟龙1号"主要在我国华中、西南、华北、西北等地区养殖，包括：北京、河北、山西、内蒙古、辽宁、吉林、黑龙江、江苏、浙江、安徽、福建、江西、山东、河南、湖北、湖南、广东、广西、重庆、四川、贵州、云南、陕西、甘肃、宁夏、新疆等。

养殖模式 杂交鲟"鲟龙1号"的养殖水体为人工可控的淡水水域，主要养殖模式包括网箱养殖、流水池塘养殖等，主要为单养。

开发利用情况 杂交鲟"鲟龙1号"为培育种，由中国水产科学研究院黑龙江水产研究所、杭州千岛湖鲟龙科技股份有限公司、中国水产科学研究院鲟鱼繁育技术工程中心等单位联合培育，2016年通过全国水产原种和良种审定委员会审定。全国共普查到16个繁育主体开展该资源的活体保种和/或苗种生产。

124. 乌苏里白鲑（*Coregonus ussuriensis*）

俗名 兔子鱼、江兔子。

（中国水产科学研究院黑龙江水产研究所 提供）

分类地位 动物界（Animalia）、脊索动物门（Chordata）、硬骨鱼纲（Osteichthyes）、鲑形目（Salmoniformes）、鲑科（Salmonidae）、白鲑属（*Coregonus*）。

地位作用 乌苏里白鲑是我国淡水鱼类区域养殖种。主要用途为食用。

养殖分布 乌苏里白鲑主要在我国黑龙江等地区养殖。

养殖模式 乌苏里白鲑的养殖水体为淡水，主要养殖模式为流水池塘养殖，主要为单养。

开发利用情况 乌苏里白鲑为本土种，自然分布于黑龙江省的乌苏里江、黑龙江、松花江和兴凯湖等水域。2019年解决了其人工苗种繁育技术。全国共普查到1个繁育主体开展该资源的活体保种和/或苗种生产。

125.细鳞鲑（*Brachymystax lenok*）

俗名 尖吻细鳞鲑、山细鳞鱼。

（郑伟 提供）

分类地位 动物界（Animalia）、脊索动物门（Chordata）、硬骨鱼纲（Osteichthyes）、鲑形目（Salmoniformes）、鲑科（Salmonidae）、细鳞鱼属（*Brachymystax*）。

地位作用 细鳞鲑是我国淡水鱼类区域养殖种，野外种群列入《国家重点保护野生动物名录》（二级）。主要用途为食用、保护。

养殖分布 细鳞鲑主要在我国东北、华北、西北等地区养殖，包括：河北、内蒙古、辽宁、吉林、黑龙江、甘肃等。

养殖模式 细鳞鲑的养殖水体为淡水，主要养殖模式为流水池塘养殖，主要为单养。

开发利用情况 细鳞鲑为本土种，自然分布于北半球的寒冷淡水环境中，耐寒性强。已解决其人工苗种繁育技术，但养殖规模较小。全国共普查到9个繁育主体开展该资源的活体保种和/或苗种生产。

126. 虹鳟（*Oncorhynchus mykiss*）

俗名 无。

（徐革锋　提供）

分类地位 动物界（Animalia）、脊索动物门（Chordata）、硬骨鱼纲（Osteichthyes）、鲑形目（Salmoniformes）、鲑科（Salmonidae）、大麻哈鱼属（*Oncorhynchus*）。

地位作用 虹鳟是我国淡水鱼类主养种。主要用途为食用。

养殖分布 虹鳟主要在我国西北、西南、东北、华北、华中、华南、华东等地区养殖，包括：青海、新疆、新疆生产建设兵团、云南、辽宁、甘肃、河北、四川、重庆、陕西、山西、湖南、黑龙江、吉林、贵州、河南、广西、山东、北京、浙江、内蒙古、广东、西藏、福建、宁夏等。

养殖模式 虹鳟的养殖水体为人工可控的淡水、半咸水或海水水域，虹鳟对盐度的适应能力随个体的生长而增强，稚鱼5～8，1龄鱼20～25，成鱼35。主要养殖模式包括流水池塘养殖、网箱养殖等，主要为单养。

开发利用情况 虹鳟为引进种，自然分布于北美洲太平洋沿岸，是世界上养殖分布最广的鱼类之一。我国于20世纪50年代末接受朝鲜赠送的一批虹鳟发眼卵及稚鱼，20世纪60年代解决了其人工苗种繁育技术。目前国内多家单位开展了虹鳟的人工遗传改良工作，已有甘肃金鳟、虹鳟"水科1号"等品种通过全国水产原种和良种审定委员会审定。全国共普查到67个繁育主体开展该资源的活体保种和/或苗种生产。

127.褐鳟（*Salmo trutta*）

俗名 亚东鲑、棕鳟。

（徐革锋 提供）

分类地位 动物界（Animalia）、脊索动物门（Chordata）、硬骨鱼纲（Osteichthyes）、鲑形目（Salmoniformes）、鲑科（Salmonidae）、鲑属（*Salmo*）。

地位作用 褐鳟是我国淡水鱼类区域养殖种。主要用途为食用。

养殖分布 褐鳟主要在我国西南、西北、东北等地区养殖，包括：山西、辽宁、吉林、黑龙江、西藏、陕西、新疆、新疆生产建设兵团等。

养殖模式 褐鳟的养殖水体为人工可控的淡水、半咸水、海水水域，主要养殖模式包括流水池塘养殖、网箱养殖等，主要为单养。

开发利用情况 褐鳟为引进种，自然分布于欧洲、北非、西亚地区的山涧溪流中，为冷水性鱼类。我国于21世纪头十年解决了其人工苗种繁育技术。全国共普查到11个繁育主体开展该资源的活体保种和/或苗种生产。

128. 虹鳟 "水科1号" (*Oncorhynchus mykiss*)

俗名 水科1号。

分类地位 动物界（Animalia）、脊索动物门（Chordata）、硬骨鱼纲（Osteichthyes）、鲑形目（Salmoniformes）、鲑科（Salmonidae）、大麻哈鱼属（*Oncorhynchus*）。

地位作用 虹鳟 "水科1号" 是我国培育的虹鳟品种，主选性状为生长速度，在相同养殖条件下，与未经选育的虹鳟相比，生长速度平均提高21.9%。主要用途为食用。

养殖分布 虹鳟 "水科1号" 主要在我国西北、西南、华北等地区养殖，包括：河北、山西、辽宁、吉林、黑龙江、安徽、江西、湖北、重庆、四川、云南、陕西、甘肃、新疆等。

养殖模式 虹鳟 "水科1号" 的养殖水体为人工可控的淡水水域，主要养殖模式包括池塘养殖、网箱养殖等，主要为单养。

开发利用情况 虹鳟 "水科1号" 为培育种，由中国水产科学研究院黑龙江水产研究所自主培育，2021年通过全国水产原种和良种审定委员会审定。全国共普查到13个繁育主体开展该资源的活体保种和/或苗种生产。

129.甘肃金鳟（*Oncorhynchus mykiss*）

俗名　金鳟。

分类地位　动物界（Animalia）、脊索动物门（Chordata）、硬骨鱼纲（Osteichthyes）、鲑形目（Salmoniformes）、鲑科（Salmonidae）、大麻哈鱼属（*Oncorhynchus*）。

地位作用　甘肃金鳟是我国培育的虹鳟品种，是虹鳟的体色变异种，主选性状是体色和生长速度，体色金黄、眼睛血红，在太阳光照射下发出金色光芒。主要用途为食用、观赏。

养殖分布　甘肃金鳟主要在我国西北、华北、东北等地区养殖，包括：山西、内蒙古、辽宁、吉林、福建、江西、四川、陕西、甘肃、宁夏、新疆等。

养殖模式　甘肃金鳟的养殖水体为人工可控的淡水水域，主要养殖模式为池塘养殖，主要为单养。

开发利用情况　甘肃金鳟为培育种，由甘肃省渔业技术推广总站自主培育，2006年通过全国水产原种和良种审定委员会审定。全国共普查到8个繁育主体开展该资源的活体保种和/或苗种生产。

130.暗纹东方鲀（*Takifugu obscurus*）

俗名 河鲀、廷巴、气鼓子。

（江苏中洋集团股份有限公司 提供）

分类地位 动物界（Animalia）、脊索动物门（Chordata）、硬骨鱼纲（Osteichthyes）、鲀形目（Tetraodontiformes）、鲀科（Tetraodontidae）、东方鲀属（*Takifugu*）。

地位作用 暗纹东方鲀是我国淡水鱼类主养种。主要用途为食用。

养殖分布 暗纹东方鲀主要在我国华南、华东等地区养殖，包括：广东、江苏、福建等。

养殖模式 暗纹东方鲀的养殖水体为淡水、半咸水、海水，主要养殖模式包括池塘养殖、网箱养殖、工厂化养殖等，主要为单养，也可与鲢、鳙、凡纳滨对虾等混养。

开发利用情况 暗纹东方鲀为本土种，是我国20世纪开发的养殖种。20世纪80年代至20世纪末解决了其人工苗种繁育技术，已有暗纹东方鲀"中洋1号"1个品种通过全国水产原种和良种审定委员会审定。全国共普查到8个繁育主体开展该资源的活体保种和/或苗种生产。

131.暗纹东方鲀"中洋1号"
(*Takifugu obscurus*)

俗名 中洋1号。

分类地位 动物界（Animalia）、脊索动物门（Chordata）、硬骨鱼纲（Osteichthyes）、鲀形目（Tetraodontiformes）、鲀科（Tetraodontidae）、东方鲀属（*Takifugu*）。

地位作用 暗纹东方鲀"中洋1号"是我国培育的第1个暗纹东方鲀品种，主选性状是耐低温能力。在相同养殖条件下，与未经选育的暗纹东方鲀相比，12℃以上正常摄食，最低摄食温度降低了4℃（耐低温能力提高了4℃），越冬成活率平均提高11.8%。主要用途为食用。

养殖分布 暗纹东方鲀"中洋1号"主要在我国华东、华南等地区养殖，包括：广东、江苏、福建等。

养殖模式 暗纹东方鲀"中洋1号"的养殖水体为人工可控的淡水水域，主要养殖模式为池塘养殖，主要为单养。

开发利用情况 暗纹东方鲀"中洋1号"为培育种，由江苏中洋集团股份有限公司、中国水产科学研究院淡水渔业研究中心、南京师范大学等单位联合培育，2018年通过全国水产原种和良种审定委员会审定。全国共普查到2个繁育主体开展该资源的活体保种和/或苗种生产。

132.桂华鲮（*Bangana decora*）

俗名 青衣、沉香鱼、扁青衣。

（罗刚 提供）

分类地位 动物界（Animalia）、脊索动物门（Chordata）、硬骨鱼纲（Osteichthyes）、鲤形目（Cypriniformes）、鲤科（Cyprinidae）、孟加拉鲮属（*Bangana*）。

地位作用 桂华鲮是我国淡水鱼类区域养殖种。主要用途为食用。

养殖分布 桂华鲮主要在我国华中、华南、华东、西南等地区养殖，包括：福建、江西、河南、湖北、湖南、广东、广西、四川等。

养殖模式 桂华鲮的养殖水体为淡水，主要养殖模式包括池塘养殖、大水面增养殖等，主要为单养，也可与草鱼等混养。

开发利用情况 桂华鲮为本土种，是珠江水系特有名贵江河土著经济鱼类。2016年解决了其人工苗种繁育技术。全国共普查到9个繁育主体开展该资源的活体保种和/或苗种生产。

133.华鲮（*Bangana rendahli*）

俗名 青龙棒。

(成都耶拿环保科技有限公司　提供)

　　分类地位 动物界（Animalia）、脊索动物门（Chordata）、硬骨鱼纲（Osteichthyes）、鲤形目（Cypriniformes）、鲤科（Cyprinidae）、孟加拉鲮属（*Bangana*）。

　　地位作用 华鲮是我国淡水鱼类区域养殖种。主要用途为食用。

　　养殖分布 华鲮主要在我国西南、华东、华南等地区养殖，包括：安徽、广西、重庆、四川、贵州、云南等。

　　养殖模式 华鲮的养殖水体为淡水，主要养殖模式包括池塘养殖、大水面增养殖等，主要为单养，也可与草鱼等混养。

　　开发利用情况 华鲮为本土种，是长江上游特有鱼类，是我国近年来开发的淡水养殖对象，目前已解决其人工苗种繁育技术。全国共普查到10个繁育主体开展该资源的活体保种和/或苗种生产。

134. 湘华鲮（*Bangana tungting*）

俗名 无。

（罗刚　提供）

分类地位　动物界（Animalia）、脊索动物门（Chordata）、硬骨鱼纲（Osteichthyes）、鲤形目（Cypriniformes）、鲤科（Cyprinidae）、孟加拉鲮属（*Bangana*）。

地位作用　湘华鲮是我国淡水鱼类区域养殖种。主要用途为食用。

养殖分布　湘华鲮主要在我国华中等地区养殖，包括：湖北、湖南等。

养殖模式　湘华鲮的养殖水体为淡水，主要养殖模式包括池塘养殖、大水面增养殖等，主要为单养，也可与草鱼等混养。

开发利用情况　湘华鲮为本土种，是湖南省特有鱼类，20世纪70年代解决了其人工苗种繁育技术。全国共普查到4个繁育主体开展该资源的活体保种和/或苗种生产。

135.香鱼（*Plecoglossus altivelis*）

俗名 海胎鱼、八月香、西瓜鱼。

（罗刚 提供）

分类地位 动物界（Animalia）、脊索动物门（Chordata）、硬骨鱼纲（Osteichthyes）、胡瓜鱼目（Osmeriformes）、胡瓜鱼科（Osmeridae）、香鱼属（*Plecoglossus*）。

地位作用 香鱼是我国淡水鱼类区域养殖种。主要用途为食用。

养殖分布 香鱼主要在我国华东、东北等地区养殖，包括：辽宁、浙江、福建、山东等。

养殖模式 香鱼的养殖水体为淡水，主要养殖模式包括池塘养殖、工厂化养殖、网箱养殖等，主要为单养。

开发利用情况 香鱼为本土种，20世纪90年代解决了其人工苗种繁育技术，已有"浙闽1号"1个品种通过全国水产原种和良种审定委员会审定。全国共普查到7个繁育主体开展该资源的活体保种和/或苗种生产。

136.香鱼"浙闽1号"（*Plecoglossus altivelis*）

俗名 浙闽1号、海胎鱼、八月香、西瓜鱼。

分类地位 动物界（Animalia）、脊索动物门（Chordata）、硬骨鱼纲（Osteichthyes）、胡瓜鱼目（Osmeriformes）、胡瓜鱼科（Osmeridae）、香鱼属（*Plecoglossus*）。

地位作用 香鱼"浙闽1号"是我国培育的第1个香鱼品种，主选性状是生长速度。在相同养殖条件下，与未经选育的香鱼相比，9月龄鱼生长速度提高24.0%以上。主要用途为食用。

养殖分布 香鱼"浙闽1号"主要在我国华东、东北等地区养殖，包括：辽宁、浙江等。

养殖模式 香鱼"浙闽1号"的养殖水体为人工可控的淡水水域，主要养殖模式包括池塘养殖、工厂化养殖、网箱养殖等，主要为单养。

开发利用情况 香鱼"浙闽1号"为培育种，由宁波大学和宁德市众合农业发展有限公司等单位联合培育，2015年通过全国水产原种和良种审定委员会审定。全国共普查到1个繁育主体开展该资源的活体保种和/或苗种生产。

137.棒花鱼（*Abbottina rivularis*）

俗名 爬虎鱼、沙锤、花里棒子。

（中国科学院昆明动物研究所 提供）

分类地位 动物界（Animalia）、脊索动物门（Chordata）、硬骨鱼纲（Osteichthyes）、鲤形目（Cypriniformes）、鲤科（Cyprinidae）、棒花鱼属（*Abbottina*）。

地位作用 棒花鱼是我国淡水鱼类潜在养殖种。主要用途为食用、药用、饵料用等。

养殖分布 棒花鱼主要在我国华中、华南、西南等地区养殖，包括：江苏、安徽、湖南、广东、重庆、四川等。

养殖模式 棒花鱼的养殖水体为淡水，主要养殖模式包括池塘养殖、稻田养殖等，主要为单养。

开发利用情况 棒花鱼为本土种，自然分布于金沙江、长江中上游干流，以及岷江、沱江、嘉陵江、乌江和大宁河等支流中下游，此外在黑龙江、辽河、黄河、钱塘江和闽江等水系也有分布。已解决其人工苗种繁育技术。全国共普查到1个繁育主体开展该资源的活体保种和/或苗种生产。

138.欧鳊（*Abramis brama*）

俗名 东方欧鳊、欧洲鳊。

（王刚　提供）

分类地位 动物界（Animalia）、脊索动物门（Chordata）、硬骨鱼纲（Osteichthyes）、鲤形目（Cypriniformes）、鲤科（Cyprinidae）、欧鳊属（*Abramis*）。

地位作用 欧鳊是我国淡水鱼类潜在养殖种。主要用途为食用。

养殖分布 欧鳊主要在我国西北等地区养殖，包括：新疆、新疆生产建设兵团等。

养殖模式 欧鳊的养殖水体为人工可控的淡水水域，主要养殖模式包括大水面增养殖、池塘养殖等。

开发利用情况 欧鳊为引进种，自然分布于黑海、亚速海和咸海各水系，20世纪60年代初期引入我国新疆并成为新疆的主要养殖鱼类之一，目前已解决其人工苗种繁育技术。全国共普查到2个繁育主体开展该资源的活体保种和/或苗种生产。

139.无须鳛（*Acheilognathus gracilis*）

俗名 鳑鲏。

（陈啸　提供）

分类地位　动物界（Animalia）、脊索动物门（Chordata）、硬骨鱼纲（Osteichthyes）、鲤形目（Cypriniformes）、鲤科（Cyprinidae）、鳛属（*Acheilognathus*）。

地位作用　无须鳛是我国淡水鱼类观赏种。主要用途为观赏。

养殖分布　无须鳛主要在我国辽宁等地区养殖。

养殖模式　无须鳛的养殖水体为淡水，主要养殖模式包括池塘养殖等，主要为单养。

开发利用情况　无须鳛为本土种，是中国的特有物种，分布于长江流域、淮河流域等。尚未解决其人工苗种繁育技术，完全依赖天然采苗。全国共普查到1个繁育主体开展该资源的活体保种和/或苗种生产。

140.西伯利亚鲟（*Acipenser baerii*）

俗名 贝氏鲟。

（张颖 提供）

分类地位 动物界（Animalia）、脊索动物门（Chordata）、硬骨鱼纲（Osteichthyes）、鲟形目（Acipenseriformes）、鲟科（Acipenseridae）、鲟属（*Acipenser*）。

地位作用 西伯利亚鲟是我国淡水鱼类主养种，野外种群列入《国家重点保护野生动物名录》（二级）。主要用途为食用、保护。

养殖分布 西伯利亚鲟主要在我国华中、华东、西南、华北、西北等地区养殖，包括：北京、河北、山西、内蒙古、辽宁、吉林、黑龙江、江苏、浙江、安徽、福建、江西、山东、河南、湖北、湖南、广东、广西、重庆、四川、贵州、云南、西藏、陕西、甘肃、新疆、新疆生产建设兵团等。

养殖模式 西伯利亚鲟的养殖水体为淡水、半咸水，主要养殖模式包括流水池塘养殖、工厂化养殖、网箱养殖等。

开发利用情况 西伯利亚鲟为本土种，自然分布于俄罗斯北部沿海河流，少量分布于我国新疆额尔齐斯河。20世纪90年代中期起，我国从德国、法国、匈牙利、俄罗斯等欧洲国家陆续引进西伯利亚鲟受精卵和鱼苗，开始我国鲟鱼商品化养殖。21世纪初解决了其人工苗种繁育技术。全国共普查到66个繁育主体开展该资源的活体保种和/或苗种生产。

141.长江鲟（*Acipenser dabryanus*）

俗名 达氏鲟。

（邱宁 提供）

    分类地位 动物界（Animalia）、脊索动物门（Chordata）、硬骨鱼纲（Osteichthyes）、鲟形目（Acipenseriformes）、鲟科（Acipenseridae）、鲟属（*Acipenser*）。

    地位作用 长江鲟是我国淡水鱼类珍稀保护种，列入《国家重点保护野生动物名录》（一级）。主要用途为保护。

    养殖分布 长江鲟主要在我国华中、西南等地区养殖，包括：湖北、重庆、四川等。

    养殖模式 长江鲟的养殖水体为淡水，主要养殖模式包括流水池塘养殖、工厂化养殖、网箱养殖、静水土塘养殖等，主要为单养。

    开发利用情况 长江鲟为本土种，曾是长江上游干流和金沙江干支流的捕捞对象之一，21世纪头十年解决了其人工苗种繁育技术。全国共普查到7个繁育主体开展该资源的活体保种和/或苗种生产。

142. 俄罗斯鲟（*Acipenser gueldenstaedtii*）

俗名 俄国鲟、金龙王鲟。

（张颖 提供）

分类地位 动物界（Animalia）、脊索动物门（Chordata）、硬骨鱼纲（Osteichthyes）、鲟形目（Acipenseriformes）、鲟科（Acipenseridae）、鲟属（*Acipenser*）。

地位作用 俄罗斯鲟是我国淡水鱼类主养种，列入《濒危野生动植物种国际贸易公约》（附录Ⅱ）。主要用途为食用、保护。

养殖分布 俄罗斯鲟主要在我国华东、西南、华中等地区养殖，包括：北京、河北、山西、内蒙古、辽宁、江苏、浙江、安徽、福建、江西、山东、湖北、湖南、广东、重庆、四川、贵州、云南、陕西、甘肃、宁夏、新疆等。

养殖模式 俄罗斯鲟的养殖水体为人工可控的淡水水域，主要养殖模式包括流水池塘养殖、工厂化养殖和网箱养殖等，主要为单养。

开发利用情况 俄罗斯鲟为引进种，自然分布于里海、亚速海、黑海以及与上述水域相通的河流，为大型冷水性鱼类。我国于20世纪90年代初自俄罗斯引进，21世纪头十年解决了其人工苗种繁育技术。全国共普查到13个繁育主体开展该资源的活体保种和/或苗种生产。

143.裸腹鲟（*Acipenser nudiventris*）

俗名 条纹鲟、船鲟、刺鲟。

（马波 提供）

分类地位 动物界（Animalia）、脊索动物门（Chordata）、硬骨鱼纲（Osteichthyes）、鲟形目（Acipenseriformes）、鲟科（Acipenseridae）、鲟属（*Acipenser*）。

地位作用 裸腹鲟是我国淡水鱼类潜在养殖种，野外种群列入《国家重点保护野生动物名录》（二级）。主要用途为食用、保护。

养殖分布 裸腹鲟在我国新疆等地区养殖。

养殖模式 裸腹鲟的养殖水体为淡水，主要养殖模式包括流水池塘养殖、工厂化养殖等。

开发利用情况 裸腹鲟为本土种，在我国仅自然分布于新疆伊犁河流域。我国近几年对人工驯养条件下的伊犁河裸腹鲟开展了人工繁殖、胚胎发育和苗种培育方面的研究，但裸腹鲟的苗种繁育技术暂未完全解决。

144. 小体鲟（*Acipenser ruthenus*）

俗名 无。

（马波 提供）

分类地位 动物界（Animalia）、脊索动物门（Chordata）、硬骨鱼纲（Osteichthyes）、鲟形目（Acipenseriformes）、鲟科（Acipenseridae）、鲟属（*Acipenser*）。

地位作用 小体鲟是我国淡水鱼类主养种，野外种群列入《国家重点保护野生动物名录》（二级）。主要用途为食用、保护。

养殖分布 小体鲟主要在我国西南、华东、西北等地区养殖，包括：北京、河北、黑龙江、浙江、湖北、重庆、四川、新疆等。

养殖模式 小体鲟的养殖水体为淡水，主要养殖模式包括流水池塘养殖、静水池塘养殖、网箱养殖、工厂化养殖、大水面增养殖等，主要为单养。

开发利用情况 小体鲟为本土种，国内自然分布于额尔齐斯河，是我国近年来新开发的养殖对象。目前已解决其人工苗种繁育技术。全国共普查到5个繁育主体开展该资源的活体保种和/或苗种生产。

145.施氏鲟（*Acipenser schrenckii*）

俗名 七粒浮子。

（张颖 提供）

分类地位 动物界（Animalia）、脊索动物门（Chordata）、硬骨鱼纲（Osteichthyes）、鲟形目（Acipenseriformes）、鲟科（Acipenseridae）、鲟属（*Acipenser*）。

地位作用 施氏鲟是我国淡水鱼类主养种，野外种群列入《国家重点保护野生动物名录》（二级）。主要用途为食用、保护。

养殖分布 施氏鲟主要在我国西南、东北、华东、华中、西北等地区养殖，包括：北京、河北、山西、内蒙古、辽宁、吉林、黑龙江、江苏、浙江、安徽、福建、江西、山东、河南、湖北、湖南、广东、广西、重庆、四川、贵州、云南、陕西、甘肃、宁夏、新疆等。

养殖模式 施氏鲟的养殖水体为淡水、半咸水，主要养殖模式包括流水池塘养殖、工厂化养殖、网箱养殖，主要为单养。

开发利用情况 施氏鲟为本土种。21世纪初解决了其人工苗种繁育技术，是当前杂交育种最主要的种质材料。但施氏鲟纯种在我国鲟鱼养殖中的比例逐步降低，现主要作为杂交育种材料进行原种保存。已有杂交鲟"鲟龙1号"1个品种通过全国水产原种和良种审定委员会审定。全国共普查到32个繁育主体开展该资源的活体保种和/或苗种生产。

146.中华鲟（*Acipenser sinensis*）

俗名　鲟鱼、鲟鳇、大癞子、鳇鱼、黄鲟、着甲、腊子、覃龙、鲟鲨。

（吴金明　提供）

分类地位　动物界（Animalia）、脊索动物门（Chordata）、硬骨鱼纲（Osteichthyes）、鲟形目（Acipenseriformes）、鲟科（Acipenseridae）、鲟属（*Acipenser*）。

地位作用　中华鲟是我国特有的淡水鱼类珍稀保护种，列入《国家重点保护野生动物名录》（一级）。主要用途为保护。

养殖分布　中华鲟主要在我国华东、东北、西南等地区养殖，包括：辽宁、上海、福建、山东、湖北、广东、重庆等。

养殖模式　中华鲟的养殖水体为淡水，主要养殖模式包括流水池塘养殖、工厂化养殖、网箱养殖、静水土塘养殖等。

开发利用情况　中华鲟为本土种，自然分布于我国长江和珠江流域。我国于21世纪头十年解决了其人工苗种繁育技术。全国共普查到3个繁育主体开展该资源的活体保种和/或苗种生产。

147.闪光鲟（*Acipenser stellatus*）

俗名 无。

（马国庆　提供）

分类地位 动物界（Animalia）、脊索动物门（Chordata）、硬骨鱼纲（Osteichthyes）、鲟形目（Acipenseriformes）、鲟科（Acipenseridae）、鲟属（*Acipenser*）。

地位作用 闪光鲟是我国淡水鱼类潜在养殖种，列入《濒危野生动植物种国际贸易公约》（附录Ⅱ）。主要用途为食用、保护。

养殖分布 闪光鲟主要在我国北京等地区养殖。

养殖模式 闪光鲟的养殖水体为人工可控的淡水水域，主要养殖模式包括网箱养殖、流水池塘养殖、水泥池养殖、工厂化养殖、大水面增养殖等，主要为单养。

开发利用情况 闪光鲟为引进种，自然分布于里海、亚速海、黑海、爱琴海以及与其相通的江河流域。20世纪90年代，我国开展了闪光鲟规模化人工养殖技术的研究，但闪光鲟的苗种繁育技术暂未完全解决。全国共普查到1个繁育主体开展该资源的活体保种和/或苗种生产。

148. 条纹光唇鱼（*Acrossocheilus fasciatus*）

俗名 罗丝鱼、淡水石斑鱼、石斑等。

（姜路辛　提供）

分类地位 动物界（Animalia）、脊索动物门（Chordata）、硬骨鱼纲（Osteichthyes）、鲤形目（Cypriniformes）、鲤科(Cyprinidae)、光唇鱼属（*Acrossocheilus*）。

地位作用 条纹光唇鱼是我国淡水鱼类潜在养殖种。主要用途为食用、观赏、保护。

养殖分布 条纹光唇鱼主要在我国华东、华中、华南等地区养殖，包括：浙江、安徽、江西、湖南、广西等。

养殖模式 条纹光唇鱼的养殖水体为淡水，主要养殖模式包括池塘养殖、流水网箱养殖等，以单养为主。

开发利用情况 条纹光唇鱼为本土种，是我国21世纪头十年开发的养殖种，解决了其人工苗种繁育技术。全国共普查到14个繁育主体开展该资源的活体保种和/或苗种生产。

149. 半刺光唇鱼（*Acrossocheilus hemispinus*）

俗名　半刺厚唇鱼、坑鱼（福建）、石板（福建）、石湾（福建）。

（罗刚　提供）

　　分类地位　动物界（Animalia）、脊索动物门（Chordata）、硬骨鱼纲（Osteichthyes）、鲤形目（Cypriniformes）、鲤科（Cyprinidae）、光唇鱼属（*Acrossocheilus*）。

　　地位作用　半刺光唇鱼是我国淡水鱼类潜在养殖种。主要用途为食用、观赏。

　　养殖分布　半刺光唇鱼主要在我国华东等地区养殖，包括：福建、江西等。

　　养殖模式　半刺光唇鱼的养殖水体为淡水，主要养殖模式包括池塘养殖、水泥池养殖等，以单养为主。

　　开发利用情况　半刺光唇鱼为本土种，是我国21世纪头十年开发的养殖种，解决了其人工苗种繁育技术。全国共普查到2个繁育主体开展该资源的活体保种和/或苗种生产。

150.吉首光唇鱼（*Acrossocheilus jishouensis*）

俗名 淡水石斑鱼。

（陈啸 提供）

分类地位 动物界（Animalia）、脊索动物门（Chordata）、硬骨鱼纲（Osteichthyes）、鲤形目（Cypriniformes）、鲤科(Cyprinidae)、光唇鱼属（*Acrossocheilus*）。

地位作用 吉首光唇鱼是我国淡水鱼类潜在养殖种。主要用途为观赏和保护。

养殖分布 吉首光唇鱼主要在我国贵州等地区养殖。

养殖模式 吉首光唇鱼的养殖水体为淡水，主要养殖模式包括池塘养殖等，以单养为主。

开发利用情况 吉首光唇鱼为本土种，尚未解决其人工苗种繁育技术。

151.宽口光唇鱼（*Acrossocheilus monticola*）

俗名 桃花鱼、斑鱼子、火烧板。

（陈啸 提供）

  分类地位 动物界（Animalia）、脊索动物门（Chordata）、硬骨鱼纲（Osteichthyes）、鲤形目（Cypriniformes）、鲤科(Cyprinidae)、光唇鱼属（*Acrossocheilus*）。

  地位作用 宽口光唇鱼是我国淡水鱼类潜在养殖种。主要用途为食用、观赏。

  养殖分布 宽口光唇鱼主要在我国华东、西南等地区养殖，包括：浙江、福建、重庆、四川等。

  养殖模式 宽口光唇鱼的养殖水体为淡水，主要养殖模式包括池塘养殖等，以单养为主。

  开发利用情况 宽口光唇鱼为本土种，是我国20世纪90年代起开发的养殖种，初步解决了其人工苗种繁育技术。全国共普查到2个繁育主体开展该资源的活体保种和/或苗种生产。

152.光唇鱼（*Acrossocheilus* sp.）

俗名 石斑鱼、高鱼、石矾鱼、罗丝鱼。

（储兆江 提供）

分类地位 动物界（Animalia）、脊索动物门（Chordata）、硬骨鱼纲（Osteichthyes）、鲤形目（Cypriniformes）、鲤科(Cyprinidae)、光唇鱼属（*Acrossocheilus*）。

地位作用 光唇鱼是我国淡水鱼类潜在养殖种。主要用途为食用、观赏。

养殖分布 光唇鱼主要在我国华东、华南等地区养殖，包括：浙江、安徽、福建、江西、广东、广西等。

养殖模式 光唇鱼的养殖水体为淡水，主要养殖模式包括网箱养殖、池塘养殖等，以单养为主。

开发利用情况 光唇鱼为本土种，是我国21世纪头十年开发的养殖种，初步解决了其人工苗种繁育技术。全国共普查到37个繁育主体开展该资源的活体保种和/或苗种生产。

153. 温州光唇鱼（*Acrossocheilus wenchowensis*）

俗名 石斑鱼、溪斑、溪石斑、溪鱼。

（原居林 提供）

分类地位 动物界（Animalia）、脊索动物门（Chordata）、硬骨鱼纲（Osteichthyes）、鲤形目（Cypriniformes）、鲤科(Cyprinidae)、光唇鱼属（*Acrossocheilus*）。

地位作用 温州光唇鱼是我国淡水鱼类潜在养殖种。主要用途为食用、观赏。

养殖分布 温州光唇鱼主要在我国华东、华南等地区养殖，包括：浙江、安徽、福建、广东等。

养殖模式 温州光唇鱼的养殖水体为淡水，主要养殖模式包括网箱养殖、池塘养殖等，以单养为主。

开发利用情况 温州光唇鱼为本土种，是我国21世纪逐渐开发的养殖种，初步解决了其人工苗种繁育技术。全国共普查到12个繁育主体开展该资源的活体保种和/或苗种生产。

154.云南光唇鱼（*Acrossocheilus yunnanensis*）

俗名 马鱼、红尾子、赤尾子、马鱼、岩鲤子。

（曾之旺　提供）

分类地位 动物界（Animalia）、脊索动物门（Chordata）、硬骨鱼纲（Osteichthyes）、鲤形目（Cypriniformes）、鲤科(Cyprinidae)、光唇鱼属（*Acrossocheilus*）。

地位作用 云南光唇鱼是我国淡水鱼类潜在养殖种。主要用途为食用、观赏。

养殖分布 云南光唇鱼主要在我国西南、华南等地区养殖，包括：广西、重庆、贵州、云南等。

养殖模式 云南光唇鱼的养殖水体为淡水，主要养殖模式包括池塘养殖等，可单养，也可混养。

开发利用情况 云南光唇鱼为本土种，是我国21世纪头十年逐渐开发的养殖种，初步解决了其人工苗种繁育技术。全国共普查到11个繁育主体开展该资源的活体保种和/或苗种生产。

155.卡拉白鱼（*Alburnus chalcoides*）

俗名 泥铂。

（金广海 提供）

分类地位 动物界（Animalia）、脊索动物门（Chordata）、硬骨鱼纲（Osteichthyes）、鲤形目（Cypriniformes）、鲤科(Cyprinidae)、卡拉白鱼属（*Alburnus*）。

地位作用 卡拉白鱼是我国淡水鱼类潜在养殖种。主要用途为食用。

养殖分布 卡拉白鱼主要在我国东北、华中等地区养殖，包括：辽宁、湖北等。

养殖模式 卡拉白鱼的养殖水体为人工可控的淡水、半咸水水域，主要养殖模式包括池塘养殖等，可单养，也可混养。

开发利用情况 卡拉白鱼为引进种，2000年从乌兹别克斯坦引进，已基本掌握其人工繁殖、池塘养殖、苗种培育和病害防治技术。全国共普查到1个繁育主体开展该资源的活体保种和/或苗种生产。

156.云斑鮰（*Ameiurus nebulosus*）

俗名 褐首鮰。

（罗刚 提供）

分类地位 动物界（Animalia）、脊索动物门（Chordata）、硬骨鱼纲（Osteichthyes）、鲇形目（Siluriformes）、鮰科（Ictaluridae）、鮰属（*Ameiurus*）。

地位作用 云斑鮰是我国淡水鱼类潜在养殖种。主要用途为食用。

养殖分布 云斑鮰主要在我国华中、西南、华南、西北等地区养殖，包括：河北、吉林、黑龙江、浙江、安徽、河南、湖北、广东、四川、贵州、云南、甘肃、新疆、新疆生产建设兵团等。

养殖模式 云斑鮰的养殖水体为人工可控的淡水水域，主要养殖模式包括池塘养殖、网箱养殖等，可单养，也可混养。

开发利用情况 云斑鮰为引进种，是一种耐污的底栖鱼类，常被选为监测物种。1984年从美国引进，现已解决其人工苗种繁育技术。全国共普查到6个繁育主体开展该资源的活体保种和/或苗种生产。

157. 银白鱼（*Anabarilius alburnops*）

俗名 小白鱼。

（张丽媛 提供）

分类地位 动物界（Animalia）、脊索动物门（Chordata）、硬骨鱼纲（Osteichthyes）、鲤形目（Cypriniformes）、鲤科(Cyprinidae)、白鱼属（*Anabarilius*）。

地位作用 银白鱼是我国云南滇池地区特色养殖种。主要用途为食用。

养殖分布 银白鱼主要在我国西南、华东等地区养殖，包括：山东、云南等。

养殖模式 银白鱼的养殖水体为淡水，主要养殖模式包括池塘养殖等，以单养为主。

开发利用情况 银白鱼为本土种，是我国近年逐渐开发的养殖种，已初步解决其人工苗种繁育技术，但由于银白鱼本身的特性和一些技术环节尚未得到解决，因此银白鱼不具备规模化繁殖的条件。全国共普查到1个繁育主体开展该资源的活体保种和/或苗种生产。

158.星云白鱼（*Anabarilius andersoni*）

俗名 真白鱼。

（张四春 提供）

分类地位 动物界（Animalia）、脊索动物门（Chordata）、硬骨鱼纲（Osteichthyes）、鲤形目（Cypriniformes）、鲤科(Cyprinidae)、白鱼属（*Anabarilius*）。

地位作用 星云白鱼是我国云南星云湖地区特色养殖种。主要用途为食用。

养殖分布 星云白鱼主要在我国云南等地区养殖。

养殖模式 星云白鱼的养殖水体为淡水，主要养殖模式包括池塘养殖等，以单养为主。

开发利用情况 星云白鱼为本土种，是我国21世纪头十年逐渐开发的养殖种，星云白鱼的人工驯养和繁殖技术已取得了初步的进展，有多家单位开展星云白鱼耐盐碱性和塘养种群遗传多样性管理的研究。全国共普查到1个繁育主体开展该资源的活体保种和/或苗种生产。

159. 多依河白鱼（*Anabarilius duoyiheensis*）

俗名 白条。

（冷云 提供）

分类地位 动物界（Animalia）、脊索动物门（Chordata）、硬骨鱼纲（Osteichthyes）、鲤形目（Cypriniformes）、鲤科(Cyprinidae)、白鱼属（*Anabarilius*）。

地位作用 多依河白鱼是我国云南罗平多依河地区的特色养殖种，是开展高原河流鱼类物种形成、类型分化以及区系演变等研究的宝贵材料。主要用途为食用、科研。

养殖分布 多依河白鱼主要在我国云南等地区养殖。

养殖模式 多依河白鱼的养殖水体为淡水，主要养殖模式包括池塘养殖等，以单养为主。

开发利用情况 多依河白鱼为本土种，尚未解决其人工苗种繁育技术。全国共普查到1个繁育主体开展该资源的活体保种和/或苗种生产。

160.鱇浪白鱼（*Anabarilius grahami*）

俗名 抗浪鱼。

（罗刚 提供）

分类地位 动物界（Animalia）、脊索动物门（Chordata）、硬骨鱼纲（Osteichthyes）、鲤形目（Cypriniformes）、鲤科(Cyprinidae)、白鱼属（*Anabarilius*）。

地位作用 鱇浪白鱼是我国云南抚仙湖地区的特色养殖种。主要用途为保护、食用。

养殖分布 鱇浪白鱼主要在我国西南等地区养殖，包括：云南、四川等。

养殖模式 鱇浪白鱼的养殖水体为淡水，主要养殖模式包括池塘养殖等，以单养为主。

开发利用情况 鱇浪白鱼为本土种，是我国20世纪90年代逐渐开发的养殖种，已解决其人工苗种繁育技术。全国共普查到18个繁育主体开展该资源的活体保种和/或苗种生产。

161.程海白鱼（*Anabarilius liui chenghaiensis*）

俗名 白条鱼。

（罗刚　提供）

　　分类地位 动物界（Animalia）、脊索动物门（Chordata）、硬骨鱼纲（Osteichthyes）、鲤形目（Cypriniformes）、鲤科(Cyprinidae)、白鱼属（*Anabarilius*）。

　　地位作用 程海白鱼是我国云南程海地区的特色养殖种。主要用途为食用。

　　养殖分布 程海白鱼主要在我国云南等地区养殖。

　　养殖模式 程海白鱼的养殖水体为淡水，主要养殖模式包括池塘养殖等，以单养为主。

　　开发利用情况 程海白鱼为本土种，是我国21世纪头十年逐渐开发的养殖种，目前已解决其人工苗种繁育技术。全国共普查到1个繁育主体开展该资源的活体保种和/或苗种生产。

162. 攀鲈（*Anabas testudineus*）

俗名 过山鲫、龟壳攀鲈、攀木鱼、攀木鲈。

（赵明　提供）

分类地位 动物界（Animalia）、脊索动物门（Chordata）、硬骨鱼纲（Osteichthyes）、鲈形目（Perciformes）、攀鲈科（Anabantidae）、攀鲈属（*Anabas*）。

地位作用 攀鲈是我国淡水鱼类潜在养殖种。主要用途为食用、观赏。

养殖分布 攀鲈主要在我国华南、华中、华东、西南等地区养殖，包括：福建、江西、河南、广东、海南、四川、云南等。

养殖模式 攀鲈的养殖水体为淡水，主要养殖模式包括池塘养殖等，以单养为主。

开发利用情况 攀鲈为本土种，是我国近年逐渐开发的养殖种，目前已解决其人工苗种繁育技术。攀鲈生长速度缓慢、不取食饲料和缺乏规模化苗种供应等因素限制了其养殖业的发展。全国共普查到3个繁育主体开展该资源的活体保种和/或苗种生产。

163. 黑尾近红鲌
（*Ancherythroculter nigrocauda*）

俗名 黑尾鲌、高肩、黑尾。

（成都耶拿环保科技有限公司　提供）

分类地位 动物界（Animalia）、脊索动物门（Chordata）、硬骨鱼纲（Osteichthyes）、鲤形目（Cypriniformes）、鲤科（Cyprinidae）、近红鲌属（*Ancherythroculter*）。

地位作用 黑尾近红鲌是我国淡水鱼类潜在养殖种。主要用途为食用。

养殖分布 黑尾近红鲌主要在我国华东、华中、西南等地区养殖，包括：浙江、安徽、江西、湖北、重庆、四川等。

养殖模式 黑尾近红鲌的养殖水体为淡水，主要养殖模式包括池塘养殖等，主要与鲢、鳙等混养。

开发利用情况 黑尾近红鲌为本土种，自然分布于长江上游。21世纪初期解决了其人工苗种繁育技术。全国共普查到6个繁育主体开展该资源的活体保种和/或苗种生产。

164.花鳗鲡（*Anguilla marmorata*）

俗名　鲈鳗、鳝王、雪鳗。

（林永晟　提供）

分类地位　动物界（Animalia）、脊索动物门（Chordata）、硬骨鱼纲（Osteichthyes）、鳗鲡目（Anguilliformes）、鳗鲡科（Anguillidae）、鳗鲡属（*Anguilla*）。

地位作用　花鳗鲡是我国淡水鱼类珍稀保护种，列入《国家重点保护野生动物名录》（二级）。主要用途为保护。

养殖分布　花鳗鲡主要在我国华东、华南等地区养殖，包括：浙江、福建、江西、广东、广西、海南等。

养殖模式　花鳗鲡的养殖水体为淡水、半咸水、海水，主要养殖模式包括池塘养殖等，以单养为主。

开发利用情况　花鳗鲡为本土种，国内自然分布于长江下游及其以南地区的钱塘江、灵江、瓯江、闽江、九龙江干支流和台湾、广东、海南、广西等地区的江河，国外主要分布于朝鲜南部、日本、东非、南太平洋马贵斯群岛、澳大利亚南部。尚未解决其人工苗种繁育技术，完全依赖天然采苗。全国共普查到1个繁育主体开展该资源的活体保种和/或苗种生产。

165. 中华细鲫（*Aphyocypris chinensis*）

俗名 东大图因-那林-克勒特格（蒙语）。

（陈啸 提供）

分类地位 动物界（Animalia）、脊索动物门（Chordata）、硬骨鱼纲（Osteichthyes）、鲤形目（Cypriniformes）、鲤科（Cyprinidae）、细鲫属（*Aphyocypris*）。

地位作用 中华细鲫是我国淡水鱼类潜在养殖种。主要用途为食用。

养殖分布 中华细鲫主要在我国内蒙古等地区养殖。

养殖模式 中华细鲫的养殖水体为淡水，主要养殖模式包括池塘养殖等。

开发利用情况 中华细鲫为本土种，国内自然分布于黑龙江至珠江等东部地区。目前关于中华细鲫的驯化养殖仅见繁殖生物学方面的报道，苗种繁育技术暂未完全解决。

166.淡水石首鱼（*Aplodinotus grunniens*）

俗名 淡水黄花鱼、淡水大黄鱼。

（徐跑 提供）

分类地位 动物界（Animalia）、脊索动物门（Chordata）、硬骨鱼纲（Osteichthyes）、鲈形目（Perciformes）、石首鱼科（Sciaenidae）、淡水石首鱼属（*Aplodinotus*）。

地位作用 淡水石首鱼是我国淡水鱼类潜在养殖种。主要用途为食用。

养殖分布 淡水石首鱼主要在我国江苏等地区养殖。

养殖模式 淡水石首鱼的养殖水体为人工可控的淡水水域，主要养殖模式包括池塘养殖等，可单养，也可混养。

开发利用情况 淡水石首鱼为引进种，自然分布于加拿大南部至危地马拉的淡水水系中。我国近几年首次通过人工催产试验获得淡水石首鱼受精卵，解决了其人工苗种繁育技术。

167.巨鳡（*Bagarius bagarius*）

俗名　面瓜鱼、黄鱼。

（王晓爱　提供）

分类地位　动物界（Animalia）、脊索动物门（Chordata）、硬骨鱼纲（Osteichthyes）、鲇形目（Siluriformes）、鱼兆科（Sisoridae）、鳡属（*Bagarius*）。

地位作用　巨鳡是我国淡水鱼类珍稀保护种，列入《国家重点保护野生动物名录》（二级）。主要用途为保护。

养殖分布　巨鳡主要在我国云南等地区养殖。

养殖模式　巨鳡的养殖水体为淡水，主要养殖模式包括池塘养殖等。

开发利用情况　巨鳡为本土种，在我国仅自然分布于云南省境内的澜沧江、怒江、元江水系，是云南省特有的大型鱼类。尚未解决其人工苗种繁育技术。全国共普查到1个繁育主体开展该资源的活体保种和/或苗种生产。

168.红魾（*Bagarius rutilus*）

俗名　面瓜鱼、黄鱼、棒子鱼。

（田树魁　提供）

分类地位　动物界（Animalia）、脊索动物门（Chordata）、硬骨鱼纲（Osteichthyes）、鲇形目（Siluriformes）、鱼兆科（Sisoridae）、魾属（*Bagarius*）。

地位作用　红魾是我国淡水鱼类珍稀保护种，列入《国家重点保护野生动物名录》（二级）。主要用途为保护。

养殖分布　红魾主要在我国云南等地区养殖。

养殖模式　红魾的养殖水体为淡水，主要养殖模式包括大水面增养殖、池塘养殖等。

开发利用情况　红魾为本土种，国内自然分布于元江水系，国外主要分布于越南红河和马河、老挝北部等水域。近年解决了其人工苗种繁育技术，但未成熟，受精率以及孵化率均相对较低，尚不具备规模化养殖的条件。全国共普查到1个繁育主体开展该资源的活体保种和/或苗种生产。

169. 脂高鲮（*Bangana lippus*）

俗名 无。

（蔡俊玮 提供）

分类地位 动物界（Animalia）、脊索动物门（Chordata）、硬骨鱼纲（Osteichthyes）、鲤形目（Cypriniformes）、鲤科（Cyprinidae）、孟加拉鲮属（*Bangana*）。

地位作用 脂高鲮是我国淡水鱼类潜在养殖种。主要用途为食用。

养殖分布 脂高鲮主要在我国湖南等地区养殖。

养殖模式 脂高鲮的养殖水体为淡水，主要养殖模式包括大水面增养殖、池塘养殖等。

开发利用情况 脂高鲮为本土种，21世纪头十年首次实现脂高鲮人工催产，而规模化繁育方面未见报道。

170.云南孟加拉鲮（*Bangana yunnanensis*）

俗名 云南高鲮、云南华鲮。

（闵锐 提供）

分类地位 动物界（Animalia）、脊索动物门（Chordata）、硬骨鱼纲（Osteichthyes）、鲤形目（Cypriniformes）、鲤科（Cyprinidae）、孟加拉鲮属（*Bangana*）。

地位作用 云南孟加拉鲮是我国淡水鱼类潜在养殖种。主要用途为食用。

养殖分布 云南孟加拉鲮主要在我国广西等地区养殖。

养殖模式 云南孟加拉鲮的养殖水体为淡水，主要养殖模式包括大水面增养殖、池塘养殖等。

开发利用情况 云南孟加拉鲮为本土种，21世纪头十年解决了其人工苗种繁育技术，但因其生长慢、养殖周期长、适应环境难、技术不成熟等因素的制约，尚未形成规模化养殖。全国共普查到1个繁育主体开展该资源的活体保种和/或苗种生产。

171.北方须鳅（*Barbatula nuda*）

俗名 狗鱼、泥勒勾子、花泥鳅。

（霍堂斌　提供）

分类地位 动物界（Animalia）、脊索动物门（Chordata）、硬骨鱼纲（Osteichthyes）、鲤形目（Cypriniformes）、条鳅科（Nemacheilidae）、须鳅属（*Barbatula*）。

地位作用 北方须鳅是我国淡水鱼类潜在养殖种。主要用途为食用。

养殖分布 北方须鳅主要在我国东北等地区养殖，包括：辽宁、吉林、黑龙江等。

养殖模式 北方须鳅的养殖水体为淡水，主要养殖模式包括池塘养殖等。

开发利用情况 北方须鳅为本土种，自然分布于我国鸭绿江、辽河、黑龙江上中游、乌苏里江、松花江、嫩江、牡丹江、绥芬河、图们江等水系。21世纪头十年解决了其苗种规模化繁育技术。全国共普查到2个繁育主体开展该资源的活体保种和/或苗种生产。

172.条半纹小鲃（*Barbodes semifasciolatus*）

俗名 小花鱼、红眼睛鱼、称红目鲅仔、红目狗猫仔、花肚、红目猴（台湾），又名条纹小鲃。

（陈啸 提供）

分类地位 动物界（Animalia）、脊索动物门（Chordata）、硬骨鱼纲（Osteichthyes）、鲤形目（Cypriniformes）、鲤科（Cyprinidae）、小鲃属（*Barbodes*）。

地位作用 条半纹小鲃是我国淡水鱼类观赏种。主要用途为观赏。

养殖分布 条半纹小鲃主要在我国湖南等地区养殖。

养殖模式 条半纹小鲃的养殖水体为淡水，主要养殖模式包括静水小水体养殖等。

开发利用情况 条半纹小鲃为本土种，在我国自然分布于珠江、红河等水域。21世纪初解决了其人工苗种繁育技术，但尚未形成规模化养殖。全国共普查到1个繁育主体开展该资源的活体保种和/或苗种生产。

173.秦岭细鳞鲑（*Brachymystax tsinlingensis*）

俗名 花鱼、梅花鱼。

（赵亚辉 提供）

分类地位 动物界（Animalia）、脊索动物门（Chordata）、硬骨鱼纲（Osteichthyes）、鲑形目（Salmoniformes）、鲑科（Salmonidae）、细鳞鱼属（*Brachymystax*）。

地位作用 秦岭细鳞鲑是我国淡水鱼类区域养殖种，野外种群列入《国家重点保护野生动物名录》（二级）。主要用途为食用、保护。

养殖分布 秦岭细鳞鲑主要在我国华东、西北等地区养殖，包括：山东、陕西、甘肃等。

养殖模式 秦岭细鳞鲑的养殖水体为淡水，主要养殖模式包括流水池塘养殖等，以单养为主。

开发利用情况 秦岭细鳞鲑为本土种，仅自然分布在秦岭地区渭河上游及其支流和汉水北侧支流渭水河、子午河上游的山涧溪流中。21世纪头十年解决了其人工苗种繁育技术，但尚未形成规模化养殖。全国共普查到13个繁育主体开展该资源的活体保种和/或苗种生产。

174.钝吻细鳞鲑（*Brachymystax tumensis*）

俗名 无。

（徐革锋　提供）

分类地位　动物界（Animalia）、脊索动物门（Chordata）、硬骨鱼纲（Osteichthyes）、鲑形目（Salmoniformes）、鲑科（Salmonidae）、细鳞鱼属（*Brachymystax*）。

地位作用　钝吻细鳞鲑是我国淡水鱼类区域养殖种，野外种群列入《国家重点保护野生动物名录》（二级）。主要用途为食用、保护。

养殖分布　钝吻细鳞鲑主要在我国东北、华北、华中等地区养殖，包括：河北、黑龙江、湖北等。

养殖模式　钝吻细鳞鲑的养殖水体为淡水，主要养殖模式包括流水池塘养殖等，以单养为主。

开发利用情况　钝吻细鳞鲑为本土种，在我国自然分布于黑龙江、乌苏里江等水域。21世纪头十年解决了其人工苗种繁育技术，但尚未形成规模化养殖。全国共普查到7个繁育主体开展该资源的活体保种和/或苗种生产。

175.月鳢（*Channa asiatica*）

俗名 七星鳢、七星鱼、山斑鱼、山花鱼、点秤鱼、秤星鱼、星光鱼、麻鱼、小蛇头鱼。

（赵建 提供）

分类地位 动物界（Animalia）、脊索动物门（Chordata）、硬骨鱼纲（Osteichthyes）、鲈形目（Perciformes）、鳢科（Channidae）、鳢属（*Channa*）。

地位作用 月鳢是我国淡水鱼类潜在养殖种。主要用途为食用。

养殖分布 月鳢主要在我国西南、华南、华东等地区养殖，包括：安徽、福建、江西、广东、广西、贵州、云南等。

养殖模式 月鳢的养殖水体为淡水，主要养殖模式包括池塘养殖等，可单养，也可混养。

开发利用情况 月鳢为本土种，20世纪90年代解决了其人工苗种繁育技术。全国共普查到7个繁育主体开展该资源的活体保种和/或苗种生产。

176.达氏鲌（*Chanodichthys dabryi*）

俗名 青梢红鲌、戴氏红鲌、大眼红鲌。

（安长廷　提供）

分类地位 动物界（Animalia）、脊索动物门（Chordata）、硬骨鱼纲（Osteichthyes）、鲤形目（Cypriniformes）、鲤科（Cyprinidae）、红鳍鲌属（*Chanodichthys*）。

地位作用 达氏鲌是我国淡水鱼类潜在养殖种。主要用途为食用。

养殖分布 达氏鲌主要在我国上海等地区养殖。

养殖模式 达氏鲌的养殖水体为淡水，主要养殖模式包括池塘养殖等。

开发利用情况 达氏鲌为本土种，在我国自然分布于黑龙江、辽河、黄河、淮河、长江、闽江、珠江等水系及其附属湖泊。达氏鲌因个体小、产量不高，故开发利用程度不高。全国共普查到1个繁育主体开展该资源的活体保种和/或苗种生产。

177. 红鳍鲌（*Chanodichthys erythropterus*）

俗名 黄餐、曲腰、翘嘴巴、总统鱼、白刀、白鱼。

（中国科学院昆明动物研究所 提供）

分类地位 动物界（Animalia）、脊索动物门（Chordata）、硬骨鱼纲（Osteichthyes）、鲤形目（Cypriniformes）、鲤科（Cyprinidae）、红鳍鲌属（*Chanodichthys*）。

地位作用 红鳍鲌是我国淡水鱼类潜在养殖种。主要用途为食用。

养殖分布 红鳍鲌主要在我国西南、华东等地区养殖，包括：上海、重庆、四川等。

养殖模式 红鳍鲌的养殖水体为淡水，主要养殖模式包括池塘养殖等。

开发利用情况 红鳍鲌为本土种，已解决其人工苗种繁育技术，但由于红鳍鲌人工繁殖和养殖起步较晚，故养殖规模较小。全国共普查到1个繁育主体开展该资源的活体保种和/或苗种生产。

178.蒙古鲌（*Chanodichthys mongolicus*）

俗名　红梢子、尖头红梢子、红尾等。

（陈啸　提供）

分类地位　动物界（Animalia）、脊索动物门（Chordata）、硬骨鱼纲（Osteichthyes）、鲤形目（Cypriniformes）、鲤科（Cyprinidae）、红鳍鲌属（*Chanodichthys*）。

地位作用　蒙古鲌是我国淡水鱼类潜在养殖种。主要用途为食用。

养殖分布　蒙古鲌主要在我国东北、华东、华中、西南等地区养殖，包括：黑龙江、上海、浙江、安徽、江西、河南、湖北、湖南、四川等。

养殖模式　蒙古鲌的养殖水体为淡水，主要养殖模式包括池塘养殖等。

开发利用情况　蒙古鲌为本土种，是近年来开发的种质资源。21世纪初解决了其人工苗种繁育技术。全国共普查到7个繁育主体开展该资源的活体保种和/或苗种生产。

179.骨唇黄河鱼（*Chuanchia labiosa*）

俗名 大嘴鳇鱼、鳇精、小花鱼、黄河鱼。

（吕彬彬 提供）

分类地位 动物界（Animalia）、脊索动物门（Chordata）、硬骨鱼纲（Osteichthyes）、鲤形目（Cypriniformes）、鲤科（Cyprinidae）、黄河鱼属（*Chuanchia*）。

地位作用 骨唇黄河鱼是我国淡水鱼类珍稀保护种，已列入《国家重点保护野生动物名录》（二级）。主要用途为保护。

养殖分布 骨唇黄河鱼主要在我国西北等地区养殖，包括：甘肃等。

养殖模式 骨唇黄河鱼的养殖水体为淡水，主要养殖模式包括池塘养殖等。

开发利用情况 骨唇黄河鱼为本土种，因其生长缓慢、繁殖力低以及人为活动、过度捕捞等，种群数量显著减少，尚未解决其人工苗种繁育技术。全国共普查到2个繁育主体开展该资源的活体保种和/或苗种生产。

180.鲮（*Cirrhinus molitorella*）

俗名 土鲮、鲮公、雪鲮、甜鱼（粤东）。

（原居林　提供）

分类地位　动物界（Animalia）、脊索动物门（Chordata）、硬骨鱼纲（Osteichthyes）、鲤形目（Cypriniformes）、鲤科（Cyprinidae）、鲮属（*Cirrhinus*）。

地位作用　鲮是我国淡水鱼类潜在养殖种。主要用途为食用。

养殖分布　鲮主要在我国华南、华中、华东等地区养殖，包括：江苏、浙江、安徽、福建、江西、湖北、湖南、广东、广西、四川、云南、陕西等。

养殖模式　鲮的养殖水体为淡水，主要养殖模式包括池塘养殖等，主要为单养，也可作为饵料鱼套养在鳜鱼、鲈鱼、沙塘鳢等肉食性鱼类养殖池中。

开发利用情况　鲮为本土种，是传统的养殖种类，在我国已有几百年的养殖历史。已解决其人工苗种繁育技术。全国共普查到548个繁育主体开展该资源的活体保种和/或苗种生产。

181.麦瑞加拉鲮（*Cirrhinus mrigala*）

俗名 麦鲮、印度鲮、墨鲮、孟加拉鲮。

（李凯彬 提供）

分类地位 动物界（Animalia）、脊索动物门（Chordata）、硬骨鱼纲（Osteichthyes）、鲤形目（Cypriniformes）、鲤科（Cyprinidae）、鲮属（*Cirrhinus*）。

地位作用 麦瑞加拉鲮是我国淡水鱼类潜在养殖种。主要用途为食用。

养殖分布 麦瑞加拉鲮主要在我国华南、华中、华东等地区养殖，包括：江苏、浙江、安徽、福建、江西、湖北、湖南、广东、广西、贵州、云南等。

养殖模式 麦瑞加拉鲮的养殖水体为人工可控的淡水水域，主要养殖模式包括池塘养殖等，可单养，也可作为饵料鱼套养在鳜鱼、鲈鱼、沙塘鳢等肉食性鱼类养殖池中。

开发利用情况 麦瑞加拉鲮为引进种，1982年由中国水产科学研究院珠江水产研究所从孟加拉国引进，20世纪80年代解决了其人工苗种繁育技术。全国共普查到611个繁育主体开展该资源的活体保种和/或苗种生产。

182.斑点胡子鲇（*Clarias macrocephalus*）

俗名 大头胡子鲇。

（施军 提供）

分类地位 动物界（Animalia）、脊索动物门（Chordata）、硬骨鱼纲（Osteichthyes）、鲇形目（Siluriformes）、胡子鲇科（Clariidae）、胡子鲇属（*Clarias*）。

地位作用 斑点胡子鲇是我国淡水鱼类潜在养殖种。主要用途为食用。

养殖分布 斑点胡子鲇主要在我国华东、华南等地区养殖，包括：江西、广西等。

养殖模式 斑点胡子鲇的养殖水体为人工可控的淡水水域，主要养殖模式包括池塘养殖等，可单养，也可与草鱼、鲤、罗非鱼等混养。

开发利用情况 斑点胡子鲇为引进种，原产于东南亚地区。1982年中国水产科学研究院珠江水产研究所从泰国引入进行繁殖养殖技术研究。20世纪90年代，解决了其人工苗种繁育技术。

183.黑龙江花鳅（*Cobitis lutheri*）

俗名 鳅、花鳅。

（陈毅峰 提供）

分类地位 动物界（Animalia）、脊索动物门（Chordata）、硬骨鱼纲（Osteichthyes）、鲤形目（Cypriniformes）、花鳅科（Cobitidae）、花鳅属（*Cobitis*）。

地位作用 黑龙江花鳅是我国黑龙江水系特色养殖种。主要用途为食用、观赏等。

养殖分布 黑龙江花鳅主要在我国东北等地区养殖，包括：吉林、黑龙江等。

养殖模式 黑龙江花鳅的养殖水体为淡水，主要养殖模式包括稻田养殖等。

开发利用情况 黑龙江花鳅为本土种，自然分布于黑龙江水系。尚未解决其人工苗种繁育技术。全国共普查到1个繁育主体开展该资源的活体保种和/或苗种生产。

184. 中华花鳅（*Cobitis sinensis*）

俗名　中华鳅、花鳅、山石猴、花泥鳅。

（陈啸　提供）

分类地位　动物界（Animalia）、脊索动物门（Chordata）、硬骨鱼纲（Osteichthyes）、鲤形目（Cypriniformes）、花鳅科（Cobitidae）、花鳅属（*Cobitis*）。

地位作用　中华花鳅是我国淡水鱼类潜在养殖种。主要用途为观赏。

养殖分布　中华花鳅主要在我国华东、西北等地区养殖，包括：江苏、福建、江西、陕西等。

养殖模式　中华花鳅的养殖水体为淡水，主要养殖模式包括水族箱养殖、池塘养殖等，主要与鲫、鲤等混养。

开发利用情况　中华花鳅为本土种，自然分布于滦河、蓟运河、海河水系、黄河水系、长江水系等，在黄河流域分布于汾渭盆地到河南、山东栖霞县。目前已开展其人工苗种繁育技术研究，大规模人工苗种繁育技术尚未突破。全国共普查到1个繁育主体开展该资源的活体保种和/或苗种生产。

185.刀鲚（*Coilia nasus*）

俗名 刀鱼、鲚鱼、毛鲚、野毛鲚。

（陈啸 提供）

分类地位 动物界（Animalia）、脊索动物门（Chordata）、硬骨鱼纲（Osteichthyes）、鲱形目（Clupeiformes）、鳀科（Engraulidae）、鲚属（*Coilia*）。

地位作用 刀鲚是我国淡水鱼类潜在养殖种。主要用途为食用。

养殖分布 刀鲚主要在我国华南、华东、东北等地区养殖，包括：辽宁、上海、江苏、浙江、安徽、湖北、广东、重庆等。

养殖模式 刀鲚的养殖水体为淡水。主要养殖模式包括池塘养殖、工厂化养殖等，可单养，也可混养。

开发利用情况 刀鲚为本土种，是21世纪开始人工养殖的种质资源，尚未完全解决其人工苗种繁育技术。全国共普查到7个繁育主体开展该资源的活体保种和/或苗种生产。

186. 宽鼻白鲑（*Coregonus nasus*）

俗名 齐尔白鲑。

分类地位 动物界（Animalia）、脊索动物门（Chordata）、硬骨鱼纲（Osteichthyes）、鲑形目（Salmoniformes）、鲑科（Salmonidae）、白鲑属（*Coregonus*）。

地位作用 宽鼻白鲑是我国淡水鱼类潜在养殖种。主要用途为食用。

养殖分布 宽鼻白鲑主要在我国新疆等地区养殖。

养殖模式 宽鼻白鲑的养殖水体为人工可控的淡水水域，主要养殖模式包括大水面增养殖等，以单养为主。

开发利用情况 宽鼻白鲑为引进种，自然分布于俄罗斯和加拿大北部的河流或湖泊。我国于21世纪头十年解决了其人工苗种繁育技术，尚未形成规模化养殖。全国共普查到1个繁育主体开展该资源的活体保种和/或苗种生产。

187.高白鲑（*Coregonus peled*）

俗名 无。

（霍堂斌 提供）

分类地位 动物界（Animalia）、脊索动物门（Chordata）、硬骨鱼纲（Osteichthyes）、鲑形目（Salmoniformes）、鲑科（Salmonidae）、白鲑属（*Coregonus*）。

地位作用 高白鲑是我国淡水鱼类潜在养殖种，是适宜大水面移植的优良冷水鱼种类。主要用途为食用。

养殖分布 高白鲑主要在我国西北、华北等地区养殖，包括：内蒙古、新疆、新疆生产建设兵团等。

养殖模式 高白鲑的养殖水体为人工可控的淡水水域，主要养殖模式包括大水面增养殖等，以单养为主。

开发利用情况 高白鲑为引进种，自然分布于北纬50°以北的俄罗斯境内，尤以俄罗斯西伯利亚地区鄂毕河流域为多。我国于21世纪初解决了其人工苗种繁育技术，目前尚未形成规模化养殖。全国共普查到1个繁育主体开展该资源的活体保种和/或苗种生产。

188.圆口铜鱼（*Coreius guichenoti*）

俗名 水密子、胡子鱼、出水烂、圆口、肥沱、方头、麻花鱼等。

（中国科学院昆明动物研究所 提供）

分类地位 动物界（Animalia）、脊索动物门（Chordata）、硬骨鱼纲（Osteichthyes）、鲤形目（Cypriniformes）、鲤科（Cyprinidae）、铜鱼属（*Coreius*）。

地位作用 圆口铜鱼是我国淡水鱼类区域养殖种，野外种群列入《国家重点保护野生动物名录》（二级）。主要用途为食用、保护。

养殖分布 圆口铜鱼主要在我国华中、西南等地区养殖，包括：湖北、四川、云南等。

养殖模式 圆口铜鱼的养殖水体为淡水，主要养殖模式包括循环水养殖、网箱养殖、池塘养殖等。

开发利用情况 圆口铜鱼为本土种，主要分布于金沙江中下游及其部分支流。近几年解决了其人工苗种繁育技术，尚未形成规模化养殖。全国共普查到6个繁育主体开展该资源的活体保种和/或苗种生产。

189.铜鱼（*Coreius heterodon*）

俗名　金鳅、水密子、尖头棒、麻花鱼、铜线、芝麻鱼、黄道士。

（张雷鸣　提供）

分类地位　动物界（Animalia）、脊索动物门（Chordata）、硬骨鱼纲（Osteichthyes）、鲤形目（Cypriniformes）、鲤科（Cyprinidae）、铜鱼属（*Coreius*）。

地位作用　铜鱼是我国淡水鱼类潜在养殖种，是长江水生态系统中的关键物种。主要用途为食用。

养殖分布　铜鱼主要在我国华中、华东、西南等地区养殖，包括：江苏、江西、湖北、四川等。

养殖模式　铜鱼的养殖水体为淡水，主要养殖模式包括池塘养殖等。

开发利用情况　铜鱼为本土种，自然分布于长江上游干、支流和金沙江下游，尤以长江上游数量较多。近年初步解决了其人工苗种繁育技术。全国共普查到3个繁育主体开展该资源的活体保种和/或苗种生产。

190. 哈氏方口鲃（*Cosmochilus harmandi*）

俗名 巴飞。

（陈啸　提供）

分类地位　动物界（Animalia）、脊索动物门（Chordata）、硬骨鱼纲（Osteichthyes）、鲤形目（Cypriniformes）、鲤科(Cyprinidae)、方口鲃属（*Cosmochilus*）。

地位作用　哈氏方口鲃为我国云南澜沧江下游地区的特色养殖种。主要用途为食用、观赏。

养殖分布　哈氏方口鲃主要在我国云南等地区养殖。

养殖模式　哈氏方口鲃的养殖水体为淡水，主要养殖模式包括池塘养殖等，以单养为主。

开发利用情况　哈氏方口鲃为本土种，仅在我国云南有少量保种。目前已解决其人工苗种繁育技术。全国共普查到1个繁育主体开展该资源的活体保种和/或苗种生产。

191.杂色杜父鱼（*Cottus poecilopus*）

俗名 花杜父鱼、花足杜父鱼、大头鱼、瞎肥头、山胖头、瞎盖子、瞎疙瘩、瞎胖子。

（马波　提供）

分类地位 动物界（Animalia）、脊索动物门（Chordata）、硬骨鱼纲（Osteichthyes）、鲈形目（Perciformes）、杜父鱼科（Cottidae）、杜父鱼属（*Cottus*）。

地位作用 杂色杜父鱼是我国东北地区的特色养殖种。主要用途为食用、观赏。

养殖分布 杂色杜父鱼主要在我国吉林等地区养殖。

养殖模式 杂色杜父鱼的养殖水体为淡水，主要养殖模式包括池塘养殖等，以单养为主。

开发利用情况 杂色杜父鱼为本土种，是我国近几年逐渐开发的养殖种，已解决其人工苗种繁育技术。全国共普查到1个繁育主体开展该资源的活体保种和/或苗种生产。

192.长臀鮠（*Cranoglanis bouderius*）

俗名 牛毛鱼（贵州）、骨鱼、枯鱼。

（罗刚 提供）

分类地位 动物界（Animalia）、脊索动物门（Chordata）、硬骨鱼纲（Osteichthyes）、鲇形目（Siluriformes）、长臀鮠科（Cranoglanididae）、长臀鮠属（*Cranoglanis*）。

地位作用 长臀鮠是我国淡水鱼类潜在养殖种。主要用途为食用。

养殖分布 长臀鮠主要在我国华南、西南等地区养殖，包括：广东、广西、海南、贵州等。

养殖模式 长臀鮠的养殖水体为淡水，主要养殖模式包括池塘养殖等，以单养为主。

开发利用情况 长臀鮠为本土种，是我国21世纪头十年逐渐开发的养殖种，已解决其人工苗种繁育技术。全国共普查到7个繁育主体开展该资源的活体保种和/或苗种生产。

193. 海南长臀鮠（*Cranoglanis multiradiata*）

俗名　白骨鱼、骨鱼。

（陆桂花　提供）

分类地位　动物界（Animalia）、脊索动物门（Chordata）、硬骨鱼纲（Osteichthyes）、鲇形目（Siluriformes）、长臀鮠科（Cranoglanididae）、长臀鮠属（*Cranoglanis*）。

地位作用　海南长臀鮠是我国淡水鱼类潜在养殖种。主要用途为食用。

养殖分布　海南长臀鮠主要在我国海南等地区养殖。

养殖模式　海南长臀鮠的养殖水体为淡水，主要养殖模式包括池塘养殖、网箱养殖等，以混养为主。

开发利用情况　海南长臀鮠为本土种，是我国21世纪头十年逐渐开发的养殖种，已解决其人工苗种繁育技术。全国共普查到1个繁育主体开展该资源的活体保种和/或苗种生产。

194.缅甸穗唇鲃（*Crossocheilus burmanicus*）

俗名 彩礼花。

（秦涛 提供）

分类地位 动物界（Animalia）、脊索动物门（Chordata）、硬骨鱼纲（Osteichthyes）、鲤科（Cyprinidae）、穗唇鲃属（*Crossocheilus*）。

地位作用 缅甸穗唇鲃是我国淡水鱼类潜在养殖种。主要用途为食用。

养殖分布 缅甸穗唇鲃主要在我国云南等地区养殖。

养殖模式 缅甸穗唇鲃的养殖水体为淡水，主要养殖模式包括池塘养殖等，以单养为主。

开发利用情况 缅甸穗唇鲃为本土种，是我国21世纪头十年逐渐开发的养殖种，关于缅甸穗唇鲃的研究主要集中在分类学、生物学特征等方面，尚未解决其人工苗种繁育技术。全国共普查到2个繁育主体开展该资源的活体保种和/或苗种生产。

195. 尖鳍鲤（*Cyprinus acutidorsalis*）

俗名　海鲤。

（赵俊　提供）

分类地位　动物界（Animalia）、脊索动物门（Chordata）、硬骨鱼纲（Osteichthyes）、鲤形目（Cypriniformes）、鲤科（Cyprinidae）、鲤属（*Cyprinus*）。

地位作用　尖鳍鲤是我国淡水鱼类潜在养殖种。主要用途为食用。

养殖分布　尖鳍鲤主要在我国华南等地区养殖，包括：广东、广西等。

养殖模式　尖鳍鲤的养殖水体为淡水，主要养殖模式包括池塘养殖等，以混养为主。

开发利用情况　尖鳍鲤为本土种，是我国20世纪90年代逐渐开发的养殖种，已解决其人工苗种繁育技术。以尖鳍鲤作为雌核发育彭泽鲫的异源精子提供者，经连续多代选育，形成鲫品种——丰产鲫。全国共普查到2个繁育主体开展该资源的活体保种和/或苗种生产。

196.春鲤（*Cyprinus longipectoralis*）

俗名　春鱼。

（田树魁　提供）

分类地位　动物界（Animalia）、脊索动物门（Chordata）、硬骨鱼纲（Osteichthyes）、鲤形目（Cypriniformes）、鲤科（Cyprinidae）、鲤属（*Cyprinus*）。

地位作用　春鲤是我国淡水鱼类潜在养殖种。主要用途为食用。

养殖分布　春鲤主要在我国华南、西南、西北等地区养殖，包括：海南、云南、陕西等。

养殖模式　春鲤的养殖水体为淡水，主要养殖模式包括池塘养殖等，可单养，也可混养。

开发利用情况　春鲤为本土种，是我国20世纪90年代逐渐开发的养殖种，21世纪头十年解决了其人工苗种繁育技术。全国共普查到1个繁育主体开展该资源的活体保种和/或苗种生产。

197.龙州鲤（*Cyprinus longzhouensis*）

俗名 芝麻鲫。

（蓝家湖 提供）

分类地位 动物界（Animalia）、脊索动物门（Chordata）、硬骨鱼纲（Osteichthyes）、鲤形目（Cypriniformes）、鲤科（Cyprinidae）、鲤属（*Cyprinus*）。

地位作用 龙州鲤是我国淡水鱼类潜在养殖种。主要用途为食用。

养殖分布 龙州鲤主要在我国广西等地区养殖。

养殖模式 龙州鲤的养殖水体为淡水，主要养殖模式包括池塘养殖等，以单养为主。

开发利用情况 龙州鲤为本土种，是广西龙州逐渐开发的养殖种，育种和养殖信息匮乏，尚未解决其人工苗种繁育技术。

198.三角鲤（*Cyprinus multitaeniatus*）

俗名 黄板鲫、江鲫、黄鲫、芝麻鲫。

（施军　提供）

分类地位 动物界（Animalia）、脊索动物门（Chordata）、硬骨鱼纲（Osteichthyes）、鲤形目（Cypriniformes）、鲤科（Cyprinidae）、鲤属（*Cyprinus*）。

地位作用 三角鲤是我国广西江河地区特色养殖种。主要用途为食用。

养殖分布 三角鲤主要在我国华南等地区养殖，包括：广东、广西等。

养殖模式 三角鲤的养殖水体为淡水，主要养殖模式包括池塘养殖、网箱养殖、大水面增养殖等，以单养为主。

开发利用情况 三角鲤为本土种，是我国21世纪初逐渐开发的养殖种，已解决其人工苗种繁育技术。全国共普查到4个繁育主体开展该资源的活体保种和/或苗种生产。

199. 大头鲤（*Cyprinus pellegrini*）

俗名 大头鱼、碌鱼（云南）。

（陈小勇 提供）

分类地位 动物界（Animalia）、脊索动物门（Chordata）、硬骨鱼纲（Osteichthyes）、鲤形目（Cypriniformes）、鲤科(Cyprinidae)、鲤属（*Cyprinus*）。

地位作用 大头鲤是我国淡水鱼类区域养殖种，野外种群列入《国家重点保护野生动物名录》（二级）。主要用途为食用、保护。

养殖分布 大头鲤主要在我国华东、西南、华南、东北等地区养殖，包括：辽宁、安徽、江西、广西、海南、云南等。

养殖模式 大头鲤的养殖水体为淡水，主要养殖模式包括池塘养殖等，以单养为主。

开发利用情况 大头鲤为本土种，是我国20世纪70年代起开发的养殖种，已解决其人工苗种繁育技术。全国共普查到6个繁育主体开展该资源的活体保种和/或苗种生产。

200.短鳔盘鮈（*Discogobio brachyphysallidos*）

俗名 油鱼。

分类地位　动物界（Animalia）、脊索动物门（Chordata）、硬骨鱼纲（Osteichthyes）、鲤形目（Cypriniformes）、鲤科（Cyprinidae）、盘鮈属（*Discogobio*）。

地位作用　短鳔盘鮈是我国南盘江中游及其支流特色养殖种。主要用途为观赏。

养殖分布　短鳔盘鮈主要在我国云南等地区养殖。

养殖模式　短鳔盘鮈的养殖水体为淡水，主要养殖模式包括池塘养殖等，可单养，也可混养。

开发利用情况　短鳔盘鮈为本土种，是我国21世纪头十年逐渐开发的养殖种，目前仅做保种工作，尚未解决其人工苗种繁育技术。全国共普查到1个繁育主体开展该资源的活体保种和/或苗种生产。

201.云南盘鮈（*Discogobio yunnanensis*）

俗名 石头鱼、油桐子、油桐鱼。

（中国科学院昆明动物研究所　提供）

分类地位 动物界（Animalia）、脊索动物门（Chordata）、硬骨鱼纲（Osteichthyes）、鲤形目（Cypriniformes）、鲤科（Cyprinidae）、盘鮈属（*Discogobio*）。

地位作用 云南盘鮈是我国淡水鱼类潜在养殖种。主要用途为食用、观赏。

养殖分布 云南盘鮈主要在我国西南等地区养殖，包括：重庆、云南等。

养殖模式 云南盘鮈的养殖水体为淡水，主要养殖模式包括池塘养殖等，可单养，也可混养。

开发利用情况 云南盘鮈为本土种，是我国21世纪头十年逐渐开发的养殖种，已初步解决其人工苗种繁育技术。全国共普查到2个繁育主体开展该资源的活体保种和/或苗种生产。

202.扁圆吻鲴（*Distoechodon compressus*）

俗名 鲩鱼（福建连城）、火烧尾、红烧尾。

（陈啸 提供）

分类地位 动物界（Animalia）、脊索动物门（Chordata）、硬骨鱼纲（Osteichthyes）、鲤形目（Cypriniformes）、鲴科（Xenocyprididae）、圆吻鲴属（*Distoechodon*）。

地位作用 扁圆吻鲴是我国淡水鱼类潜在养殖种。主要用途为食用。

养殖分布 扁圆吻鲴主要在我国福建等地区养殖。

养殖模式 扁圆吻鲴的养殖水体为淡水，主要养殖模式包括池塘养殖等，可单养，也可混养。

开发利用情况 扁圆吻鲴为本土种，是我国20世纪50年代逐渐开发的养殖种，21世纪头十年解决了其人工苗种繁育技术。

203. 大眼圆吻鲴
(*Distoechodon macrophthalmus*)

俗名 红翅鱼。

（中国科学院昆明动物研究所 提供）

分类地位 动物界（Animalia）、脊索动物门（Chordata）、硬骨鱼纲（Osteichthyes）、鲤形目（Cypriniformes）、鲴科（Xenocyprididae）、圆吻鲴属（*Distoechodon*）。

地位作用 大眼圆吻鲴是我国云南程海地区的特色养殖种。主要用途为食用。

养殖分布 大眼圆吻鲴主要在我国云南等地区养殖。

养殖模式 大眼圆吻鲴的养殖水体为淡水，主要养殖模式包括池塘养殖等，可单养，也可混养。

开发利用情况 大眼圆吻鲴为本土种，是我国21世纪头十年逐渐开发的养殖种，已解决其人工苗种繁育技术。全国共普查到3个繁育主体开展该资源的活体保种和/或苗种生产。

204. 圆吻鲴（*Distoechodon tumirostris*）

俗名 翼鱼、鲜鱼、力燥、鲛鱼、淹鱼、火烧尾、红烧尾、溪勒、赤尾勒、泥鱼、麦艄。

（原居林 提供）

分类地位 动物界（Animalia）、脊索动物门（Chordata）、硬骨鱼纲（Osteichthyes）、鲤形目（Cypriniformes）、鲴科（Xenocyprididae）、圆吻鲴属（*Distoechodon*）。

地位作用 圆吻鲴是我国淡水鱼类潜在养殖种，也是鲴类中生长速度最快的种类。主要用途为食用。

养殖分布 圆吻鲴主要在我国华中、东北、华东等地区养殖，包括：吉林、浙江、福建、江西、湖南等。

养殖模式 圆吻鲴的养殖水体为淡水，主要养殖模式包括池塘养殖等，可单养，也可混养。

开发利用情况 圆吻鲴为本土种，是我国20世纪70年代逐渐开发的养殖种，目前已解决其人工苗种繁育技术。全国共普查到6个繁育主体开展该资源的活体保种和/或苗种生产。

205. 尖头塘鳢（*Eleotris oxycephala*）

俗名 黑笋壳、什抛、竹壳、黑淋哥。

（原居林 提供）

分类地位 动物界（Animalia）、脊索动物门（Chordata）、硬骨鱼纲（Osteichthyes）、虾虎鱼目（Gobiiformes）、塘鳢科（Eleotridae）、塘鳢属（*Eleotris*）。

地位作用 尖头塘鳢是我国淡水鱼类潜在养殖种。主要用途为食用。

养殖分布 尖头塘鳢主要在我国华南、华东等地区养殖，包括：福建、广东等。

养殖模式 尖头塘鳢的养殖水体为淡水，主要养殖模式包括池塘养殖等，以单养为主。

开发利用情况 尖头塘鳢为本土种，是我国21世纪初逐渐开发的养殖种，尚未解决其人工苗种繁育技术。全国共普查到1个繁育主体开展该资源的活体保种和/或苗种生产。

206.美洲西鲱（*Alosa sapidissima*）

俗名 美洲鲥、美国鲥鱼。

（高小强　提供）

分类地位　动物界（Animalia）、脊索动物门（Chordata）、硬骨鱼纲（Osteichthyes）、鲱形目（Clupeiformes）、西鲱科（Alosidae）、西鲱属（*Alosa*）。

地位作用　美洲西鲱是我国引进的淡水鱼类区域特色养殖种。主要用途为食用。

养殖分布　美洲西鲱主要在我国华东等地区养殖，包括：上海、江苏、浙江、安徽、山东等。

养殖模式　美洲西鲱的养殖水体为人工可控的半咸水、淡水水域，主要养殖模式为池塘养殖、工厂化养殖，主要是单养。

开发利用情况　美洲西鲱为引进种，21世纪初引入我国长江流域人工养殖，已解决其人工苗种繁育技术。全国共普查到13个繁育主体开展该资源的活体保种和/或苗种生产。

207. 鳡（*Elopichthys bambusa*）

俗名 黄颊鱼、竿鱼、水老虎、大口鳡。

（原居林　提供）

分类地位 动物界（Animalia）、脊索动物门（Chordata）、硬骨鱼纲（Osteichthyes）、鲤形目（Cypriniformes）、鲴科（Xenocyprididae）、鳡属（*Elopichthys*）。

地位作用 鳡是我国淡水鱼类潜在养殖种。主要用途为食用。

养殖分布 鳡主要在我国东北、华东、华中、华南等地区养殖，包括：黑龙江、浙江、安徽、江西、湖南、广东、广西等。

养殖模式 鳡的养殖水体为淡水，主要养殖模式包括池塘养殖等，以单养为主。

开发利用情况 鳡为本土种，是我国21世纪头十年逐渐开发的养殖种，已初步解决其人工苗种繁育技术。全国共普查到3个繁育主体开展该资源的活体保种和/或苗种生产。

208.白斑狗鱼（*Esox lucius*）

俗名 狗鱼、乔尔泰。

（户国 提供）

分类地位 动物界（Animalia）、脊索动物门（Chordata）、硬骨鱼纲（Osteichthyes）、狗鱼目（Esociformes）、狗鱼科（Esocidae）、狗鱼属（*Esox*）。

地位作用 白斑狗鱼是我国淡水鱼类潜在养殖种。主要用途为食用、观赏。

养殖分布 白斑狗鱼主要在我国西北、华东、华北、东北等地区养殖，包括：河北、黑龙江、江苏、山东、陕西、新疆、新疆生产建设兵团等。

养殖模式 白斑狗鱼的养殖水体为淡水，主要养殖模式包括池塘养殖、网箱养殖等，可单养，也可混养。

开发利用情况 白斑狗鱼为本土种，是我国21世纪初逐渐开发的养殖种，已解决其人工苗种繁育技术。全国共普查到14个繁育主体开展该资源的活体保种和/或苗种生产。

209. 黑斑狗鱼 (*Esox reichertii*)

俗名 黑龙江狗鱼、狗鱼、鸭鱼、鸭子鱼、勾心鱼。

（张泽鹏 提供）

分类地位 动物界（Animalia）、脊索动物门（Chordata）、硬骨鱼纲（Osteichthyes）、狗鱼目（Esociformes）、狗鱼科（Esocidae）、狗鱼属（*Esox*）。

地位作用 黑斑狗鱼为我国高纬度寒冷地区水域的特色养殖种。主要用途为食用、观赏。

养殖分布 黑斑狗鱼主要在我国东北、华东等地区养殖，包括：河北、黑龙江、山东等。

养殖模式 黑斑狗鱼的养殖水体为淡水，主要养殖模式包括池塘养殖等，可单养，也可混养。

开发利用情况 黑斑狗鱼为本土种，是我国21世纪头十年逐渐开发的养殖种，之后解决了其人工苗种繁育技术，但受精率、孵化率、存活率极低，难以用于大规模人工繁育。全国共普查到2个繁育主体开展该资源的活体保种和/或苗种生产。

210.黄石爬鮡（*Euchiloglanis kishinouyei*）

俗名 石爬子、石斑鮡、黄石爬、大嘴巴、娃娃鱼(青海玉树)。

（陈啸 提供）

分类地位 动物界（Animalia）、脊索动物门（Chordata）、硬骨鱼纲（Osteichthyes）、鲇形目（Siluriformes）、鮡科（Sisoridae）、石爬鮡属（*Euchiloglanis*）。

地位作用 黄石爬鮡为我国四川岷江水域的特色养殖种。主要用途为食用。

养殖分布 黄石爬鮡主要在我国四川等地区养殖。

养殖模式 黄石爬鮡的养殖水体为淡水，主要养殖模式包括池塘养殖等，可单养，也可混养。

开发利用情况 黄石爬鮡为本土种，是我国21世纪头十年末期逐渐开发的养殖种，尚未解决其人工苗种繁育技术。全国共普查到3个繁育主体开展该资源的活体保种和/或苗种生产。

211.东北七鳃鳗（*Eudontomyzon morii*）

俗名 七星子。

（霍堂斌　提供）

分类地位 动物界（Animalia）、脊索动物门（Chordata）、圆口纲（Cycolostomata）、七鳃鳗目（Petromyzoniformes）、七鳃鳗科（Petromyzonidae）、七鳃鳗属（*Eudontomyzon*）。

地位作用 东北七鳃鳗是我国淡水鱼类珍稀保护种，列入《国家重点保护野生动物名录》（二级），也可作为生物进化和疾病研究领域的模式生物。主要用途为保护、科研。

养殖分布 东北七鳃鳗主要在我国吉林等地区养殖。

养殖模式 东北七鳃鳗的养殖水体为淡水，主要养殖模式包括池塘养殖等，以单养为主。

开发利用情况 东北七鳃鳗为本土种，已初步解决其人工苗种繁育技术，但目前仍以捕捞为主。全国共普查到1个繁育主体开展该资源的活体保种和/或苗种生产。

212.墨头鱼（*Garra imberba*）

俗名 墨鱼、乌棒、黑鱼、棒棒鱼、东坡鱼。

（中国科学院昆明动物研究所 提供）

分类地位 动物界（Animalia）、脊索动物门（Chordata）、硬骨鱼纲（Osteichthyes）、鲤形目（Cypriniformes）、鲤科（Cyprinidae）、墨头鱼属（*Garra*）。

地位作用 墨头鱼是我国西南地区的特色养殖种。主要用途为食用、观赏。

养殖分布 墨头鱼主要在我国贵州等地区养殖。

养殖模式 墨头鱼的养殖水体为淡水，主要养殖模式包括池塘养殖、网箱养殖等，可单养，也可混养。

开发利用情况 墨头鱼为本土种，是我国20世纪80年代逐渐开发的养殖种，已解决其人工苗种繁育技术。全国共普查到1个繁育主体开展该资源的活体保种和/或苗种生产。

213.桥街墨头鱼（*Garra qiaojiensis*）

俗名 包公头、癞鼻子鱼。

（中国科学院昆明动物研究所 提供）

    分类地位 动物界（Animalia）、脊索动物门（Chordata）、硬骨鱼纲（Osteichthyes）、鲤形目（Cypriniformes）、鲤科（Cyprinidae）、墨头鱼属（*Garra*）。

    地位作用 桥街墨头鱼是我国西南地区的特色养殖种。主要用途为保护、食用、观赏、药用。

    养殖分布 桥街墨头鱼主要在我国云南等地区养殖。

    养殖模式 桥街墨头鱼的养殖水体为淡水，主要养殖模式包括池塘养殖、工厂化养殖等，可单养，也可混养。

    开发利用情况 桥街墨头鱼为本土种，是我国21世纪头十年逐渐开发的养殖种，已解决其人工苗种繁育技术。全国共普查到1个繁育主体开展该资源的活体保种和/或苗种生产。

214.腾冲墨头鱼（*Garra tengchongensis*）

俗名 麻鱼、黑鱼。

（何滔 提供）

分类地位 动物界（Animalia）、脊索动物门（Chordata）、硬骨鱼纲（Osteichthyes）、鲤形目（Cypriniformes）、鲤科（Cyprinidae）、墨头鱼属（*Garra*）。

地位作用 腾冲墨头鱼是我国西南地区的特色养殖种。主要用途为保护、食用。

养殖分布 腾冲墨头鱼主要在我国云南等地区养殖。

养殖模式 腾冲墨头鱼的养殖水体为淡水，主要养殖模式包括池塘养殖等，以单养为主。

开发利用情况 腾冲墨头鱼为本土种，是我国21世纪头十年逐渐开发的养殖种，已解决其人工苗种繁育技术，但由于个体小、养殖和销售区域较局限，难以实现规模化养殖。全国共普查到3个繁育主体开展该资源的活体保种和/或苗种生产。

215.黑斑原鮡（*Glyptosternon maculatum*）

俗名　巴克里、拉萨鲇鱼、石扁头、藏鲇。

（刘海平　提供）

分类地位　动物界（Animalia）、脊索动物门（Chordata）、硬骨鱼纲（Osteichthyes）、鲇形目（Siluriformes）、鮡科（Sisoridae）、原鮡属（*Glyptosternon*）。

地位作用　黑斑原鮡是我国淡水鱼类珍稀保护种，列入《国家重点保护野生动物名录》（二级）。主要用途为保护。

养殖分布　黑斑原鮡主要在我国西藏等地区养殖。

养殖模式　黑斑原鮡的养殖水体为淡水，主要养殖模式包括池塘养殖、网箱养殖等，以单养为主。

开发利用情况　黑斑原鮡为本土种，是我国21世纪头十年逐渐开发的养殖种，其后解决了其人工苗种繁育技术。全国共普查到6个繁育主体开展该资源的活体保种和/或苗种生产。

216.似铜鮈（*Gobio coriparoides*）

俗名 银片子。

（陈啸 提供）

分类地位 动物界（Animalia）、脊索动物门（Chordata）、硬骨鱼纲（Osteichthyes）、鲤形目（Cypriniformes）、鮈科（Gobionidae）、鮈属（*Gobio*）。

地位作用 似铜鮈是我国淡水鱼类潜在养殖种。主要用途为食用。

养殖分布 似铜鮈主要在我国福建等地区养殖。

养殖模式 似铜鮈的养殖水体为淡水，主要养殖模式包括池塘养殖等，以单养为主。

开发利用情况 似铜鮈为本土种，是我国21世纪头十年逐渐开发的养殖种，尚未解决其人工苗种繁育技术。全国共普查到1个繁育主体开展该资源的活体保种和/或苗种生产。

217.祁连山裸鲤（*Gymnocypris chilianensis*）

俗名 面鱼。

（罗刚 提供）

分类地位 动物界（Animalia）、脊索动物门（Chordata）、硬骨鱼纲（Osteichthyes）、鲤形目（Cypriniformes）、鲤科（Cyprinidae）、裸鲤属（*Gymnocypris*）。

地位作用 祁连山裸鲤是我国青藏高原湖泊的特色养殖种。主要用途为食用。

养殖分布 祁连山裸鲤主要在我国甘肃等地区养殖。

养殖模式 祁连山裸鲤的养殖水体为淡水，主要养殖模式包括池塘养殖、网箱养殖等，以单养为主。

开发利用情况 祁连山裸鲤为本土种，是我国21世纪头十年逐渐开发的养殖种，初步解决了其人工苗种繁育技术。全国共普查到1个繁育主体开展该资源的活体保种和/或苗种生产。

218.花斑裸鲤（*Gymnocypris eckloni*）

俗名　大嘴湟鱼、大嘴巴鱼、大嘴花鱼、大嘴鱼。

（喻焱　提供）

分类地位　动物界（Animalia）、脊索动物门（Chordata）、硬骨鱼纲（Osteichthyes）、鲤形目（Cypriniformes）、鲤科（Cyprinidae）、裸鲤属（*Gymnocypris*）。

地位作用　花斑裸鲤是我国淡水鱼类潜在养殖种。主要用途为食用。

养殖分布　花斑裸鲤主要在我国西南、华南、西北等地区养殖，包括：广东、四川、甘肃、青海等。

养殖模式　花斑裸鲤的养殖水体为淡水，主要养殖模式包括池塘养殖等，以单养为主。

开发利用情况　花斑裸鲤为本土种，是我国21世纪头十年末期逐渐开发的养殖种，初步解决了其人工苗种繁育技术。全国共普查到10个繁育主体开展该资源的活体保种和/或苗种生产。

219. 松潘裸鲤（*Gymnocypris potanini*）

俗名　白鱼。

（陈啸　提供）

分类地位　动物界（Animalia）、脊索动物门（Chordata）、硬骨鱼纲（Osteichthyes）、鲤形目（Cypriniformes）、鲤科（Cyprinidae）、裸鲤属（*Gymnocypris*）。

地位作用　松潘裸鲤是我国淡水鱼类潜在养殖种。主要用途为食用。

养殖分布　松潘裸鲤主要在我国四川等地区养殖。

养殖模式　松潘裸鲤的养殖水体为淡水，主要养殖模式包括池塘养殖等，以单养为主。

开发利用情况　松潘裸鲤为本土种，是我国进入21世纪逐渐开发的养殖种，初步解决了其人工苗种繁育技术。全国共普查到3个繁育主体开展该资源的活体保种和/或苗种生产。

220. 青海湖裸鲤（*Gymnocypris przewalskii*）

俗名　鳇鱼、无鳞鱼。

《罗刚　提供》

分类地位　动物界（Animalia）、脊索动物门（Chordata）、硬骨鱼纲（Osteichthyes）、鲤形目（Cypriniformes）、鲤科（Cyprinidae）、裸鲤属（*Gymnocypris*）。

地位作用　青海湖裸鲤是我国淡水鱼类珍稀保护种，列入《青海省重点保护水生野生动物名录》。主要用途为保护。

养殖分布　青海湖裸鲤主要在我国西北、华南、华北等地区养殖，包括：河北、内蒙古、广西、贵州、甘肃、青海等。

养殖模式　青海湖裸鲤的养殖水体为半咸水和淡水，主要养殖模式包括池塘养殖等，以单养为主。

开发利用情况　青海湖裸鲤为本土种，是20世纪80年代开发的养殖种，已初步解决其人工苗种繁育技术。全国共普查到4个繁育主体开展该资源的活体保种和/或苗种生产。

221.厚唇裸重唇鱼
（*Gymnodiptychus pachycheilus*）

俗名 厚唇重唇鱼、重唇花鱼、麻花鱼、石花鱼、翻嘴鱼。

（罗刚 提供）

分类地位 动物界（Animalia）、脊索动物门（Chordata）、硬骨鱼纲（Osteichthyes）、鲤形目（Cypriniformes）、鲤科（Cyprinidae）、裸重唇鱼属（*Gymnodiptychus*）。

地位作用 厚唇裸重唇鱼是我国淡水鱼类潜在养殖种，野外种群列入《国家重点保护野生动物名录》（二级）。主要用途为食用、保护。

养殖分布 厚唇裸重唇鱼主要在我国东北、西南、西北等地区养殖，包括：辽宁、四川、甘肃等。

养殖模式 厚唇裸重唇鱼的养殖水体为淡水，主要养殖模式包括池塘养殖等，以单养为主。

开发利用情况 厚唇裸重唇鱼为本土种，是我国21世纪头十年初期逐渐开发的养殖种，已初步解决其人工苗种繁育技术。全国共普查到3个繁育主体开展该资源的活体保种和/或苗种生产。

222. 双孔鱼（*Gyrinocheilus aymonieri*）

俗名 青苔鱼、琵琶鱼、青苔鼠、食藻鱼、清道夫。

（林永晟 提供）

分类地位 动物界（Animalia）、脊索动物门（Chordata）、硬骨鱼纲（Osteichthyes）、鲤形目（Cypriniformes）、双孔鱼科（Gyrinocheilidae）、双孔鱼属（*Gyrinocheilus*）。

地位作用 双孔鱼我国淡水鱼类潜在养殖种，野外种群列入《国家重点保护野生动物名录》（二级）。主要用途为食用、保护。

养殖分布 双孔鱼主要在我国华南、西南等地区养殖，包括：广东、云南等。

养殖模式 双孔鱼的养殖水体为淡水，主要养殖模式包括池塘养殖等，以单养为主。

开发利用情况 双孔鱼为本土种，是我国21世纪头十年后期逐渐开发的养殖种，已初步解决其人工苗种繁育技术。全国共普查到1个繁育主体开展该资源的活体保种和/或苗种生产。

223. 大鳍鼓鳔鳅（*Hedinichthys macropterus*）

俗名 大头鱼。

（罗刚 提供）

分类地位 动物界（Animalia）、脊索动物门（Chordata）、硬骨鱼纲（Osteichthyes）、鲤形目（Cypriniformes）、鳅科（Cobitidae）、鼓鳔鳅属（*Hedinichthys*）。

地位作用 大鳍鼓鳔鳅是我国淡水鱼类潜在养殖种。主要用途为食用。

养殖分布 大鳍鼓鳔鳅主要在我国内蒙古等地区养殖。

养殖模式 大鳍鼓鳔鳅的养殖水体为淡水，主要养殖模式包括池塘养殖等，以单养为主。

开发利用情况 大鳍鼓鳔鳅为本土种，是我国21世纪头十年后期逐渐开发的养殖种，已初步解决其人工苗种繁育技术。全国共普查到1个繁育主体开展该资源的活体保种和/或苗种生产。

224.斑鳠（*Hemibagrus guttatus*）

俗名　鲅鱼、芝麻鮎、梅花鮎、西江鲇、白须鲇、芝麻剑、花鲇。

（林永晟　提供）

分类地位　动物界（Animalia）、脊索动物门（Chordata）、硬骨鱼纲（Osteichthyes）、鲇形目（Siluriformes）、鲿科（Bagridae）、半鲿属（*Hemibagrus*）。

地位作用　斑鳠是我国淡水鱼类潜在养殖种，野外种群列入《国家重点保护野生动物名录》（二级）。主要用途为食用、保护。

养殖分布　斑鳠主要在我国华南、西南等地区养殖，包括：广东、广西、贵州等。

养殖模式　斑鳠的养殖水体为淡水，主要养殖模式包括池塘养殖等，以混养为主。

开发利用情况　斑鳠为本土种，是我国20世纪90年代逐渐开发的养殖种，已解决其人工苗种繁育技术，但由于受精率和孵化率均较低，尚不具备规模化养殖的条件。全国共普查到5个繁育主体开展该资源的活体保种和/或苗种生产。

225. 大鳍鳠（*Hemibagrus macropterus*）

俗名 石扁头、石胡子、江鼠、石板条。

（吴兴兵 提供）

分类地位 动物界（Animalia）、脊索动物门（Chordata）、硬骨鱼纲（Osteichthyes）、鲇形目（Siluriformes）、鲿科（Bagridae）、半鳠属（*Hemibagrus*）。

地位作用 大鳍鳠是我国淡水鱼类潜在养殖种。主要用途为食用。

养殖分布 大鳍鳠主要在我国西南、华中等地区养殖，包括：湖北、湖南、重庆、四川、贵州等。

养殖模式 大鳍鳠的养殖水体为淡水，主要养殖模式包括池塘养殖、网箱养殖等，以单养为主。

开发利用情况 大鳍鳠为本土种，是我国20世纪90年代逐渐开发的养殖种，已解决其人工苗种繁育技术。全国共普查到9个繁育主体开展该资源的活体保种和/或苗种生产。

226.丝尾鳠（*Hemibagrus wyckioides*）

俗名 似威氏半鲿、长胡子鱼、白须公。

（潘晓赋 提供）

分类地位 动物界（Animalia）、脊索动物门（Chordata）、硬骨鱼纲（Osteichthyes）、鲇形目（Siluriformes）、鲿科（Bagridae）、半鲿属（*Hemibagrus*）。

地位作用 丝尾鳠是我国淡水鱼类潜在养殖种。主要用途为食用、观赏。

养殖分布 丝尾鳠主要在我国西南、华南等地区养殖，包括：广东、云南等。

养殖模式 丝尾鳠的养殖水体为淡水，主要养殖模式包括池塘养殖、网箱养殖等，可单养，也可混养。

开发利用情况 丝尾鳠为本土种，是我国21世纪初逐渐开发的养殖种，已解决其人工苗种繁育技术。全国共普查到5个繁育主体开展该资源的活体保种和/或苗种生产。

227. 唇鮈（*Hemibarbus labeo*）

俗名 麻花鮈、鸡虾、麻鲤、吉花鱼、麻叉鱼、大鼓眼、吉勾鱼、花鸡公、桃花竹（成熟个体）、花婆竹（未成熟个体）。

（安长廷 提供）

分类地位 动物界（Animalia）、脊索动物门（Chordata）、硬骨鱼纲（Osteichthyes）、鲤形目（Cypriniformes）、鮈科（Gobionidae）、鮈属（*Hemibarbus*）。

地位作用 唇鮈是我国淡水鱼类潜在养殖种。主要用途为食用。

养殖分布 唇鮈主要在我国东北、华东、西南、西北等地区养殖，包括：辽宁、吉林、黑龙江、浙江、四川、陕西等。

养殖模式 唇鮈的养殖水体为淡水，主要养殖模式包括池塘养殖、网箱养殖等，以单养为主。

开发利用情况 唇鮈为本土种，是我国20世纪末逐渐开发的养殖种，已解决其人工苗种繁育技术。全国共普查到15个繁育主体开展该资源的活体保种和/或苗种生产。

228. 花鳕（*Hemibarbus maculatus*）

俗名 麻花鳕、鸡虾、麻鲤、吉花鱼、麻叉鱼、大鼓眼、吉勾鱼、花鸡公、桃花竹（成熟个体）、花婆竹（未成熟个体）。

（储忝江　提供）

分类地位 动物界（Animalia）、脊索动物门（Chordata）、硬骨鱼纲（Osteichthyes）、鲤形目（Cypriniformes）、鮈科（Gobionidae）、鳕属（*Hemibarbus*）。

地位作用 花鳕是我国淡水鱼类潜在养殖种。主要用途为食用。

养殖分布 花鳕主要在我国西南、华东、华中、东北等地区养殖，包括：天津、内蒙古、吉林、黑龙江、上海、江苏、浙江、安徽、福建、江西、山东、湖北、湖南、广西、重庆、四川、贵州、云南等。

养殖模式 花鳕的养殖水体为淡水，主要养殖模式包括池塘养殖、网箱养殖等，可单养，也可混养。

开发利用情况 花鳕为本土种，是我国20世纪80年代逐渐开发的养殖种，已解决其人工苗种繁育技术。全国共普查到26个繁育主体开展该资源的活体保种和/或苗种生产。

229.鳘（*Hemiculter leucisculus*）

俗名　鳘子、青鳞子、白条、白鲦。

（原居林　提供）

分类地位　动物界（Animalia）、脊索动物门（Chordata）、硬骨鱼纲（Osteichthyes）、鲤形目（Cypriniformes）、鲴科（Xenocyprididae）、鳘属（*Hemiculter*）。

地位作用　鳘是我国淡水鱼类潜在养殖种。主要用途为食用。

养殖分布　鳘主要在我国东北、华东、华中、华南、西南等地区养殖，包括：黑龙江、安徽、湖南、广东、重庆等。

养殖模式　鳘的养殖水体为淡水，主要养殖模式包括池塘养殖等，以单养为主。

开发利用情况　鳘为本土种，是我国许多水库重要的捕捞对象，产量大。鳘自然繁殖比较容易，在养殖开发中，不需要解决其人工驯养繁殖等技术。全国共普查到8个繁育主体开展该资源的活体保种和/或苗种生产。

230. 红尾副鳅（*Homatula variegata*）

俗名 巴鳅、贝氏条鳅、尖颌。

（中国科学院昆明动物研究所 提供）

分类地位 动物界（Animalia）、脊索动物门（Chordata）、硬骨鱼纲（Osteichthyes）、鲤形目（Cypriniformes）、条鳅科（Nemacheilidae）、荷马条鳅属（*Homatula*）。

地位作用 红尾副鳅是我国长江及黄河中、上游地区特色养殖种。主要用途为食用。

养殖分布 红尾副鳅主要在我国西南等地区养殖，包括：四川、云南等。

养殖模式 红尾副鳅的养殖水体为淡水，主要养殖模式包括池塘养殖、稻田养殖、坑塘养殖等。

开发利用情况 红尾副鳅为本土种，已解决其人工苗种繁育技术。全国共普查到4个繁育主体开展该资源的活体保种和/或苗种生产。

231.无量荷马条鳅 (*Homatula wuliangensis*)

俗名 无量荷马爬鳅、无量山荷马条鳅、无量山荷马爬鳅。

（中国科学院昆明动物研究所 提供）

    分类地位 动物界 (Animalia)、脊索动物门 (Chordata)、硬骨鱼纲 (Osteichthyes)、鲤形目 (Cypriniformes)、条鳅科 (Nemacheilidae)、荷马条鳅属 (*Homatula*)。

    地位作用 无量荷马条鳅是我国澜沧江流域特色养殖种，对于研究条鳅科的系统发育和物种多样性具有重要的科学价值。主要用途为食用和科研。

    养殖分布 无量荷马条鳅主要在我国云南等地区养殖。

    养殖模式 无量荷马条鳅的养殖水体为淡水，主要养殖模式包括仿生驯养等。

    开发利用情况 无量荷马条鳅为本土种，尚未解决其人工苗种繁育技术。

232.川陕哲罗鲑（*Hucho bleekeri*）

俗名 虎嘉鱼、猫鱼。

（中国水产科学研究院黑龙江水产研究所 提供）

    分类地位 动物界（Animalia）、脊索动物门（Chordata）、硬骨鱼纲（Osteichthyes）、鲑形目（Salmoniformes）、鲑科（Salmonidae）、哲罗鱼属（*Hucho*）。

    地位作用 川陕哲罗鲑是我国淡水鱼类珍稀保护种，列入《国家重点保护野生动物名录》（一级）。主要用途为保护。

    养殖分布 川陕哲罗鲑主要在我国四川等地区养殖。

    养殖模式 川陕哲罗鲑的养殖水体为淡水，主要养殖模式包括流水池塘单养等。

    开发利用情况 川陕哲罗鲑为本土种，仅在陕西省太白河和青海省与四川省交界处的大渡河上游残存少量个体，濒临灭绝。21世纪头十年对川陕哲罗鲑进行了人工驯养与繁育实验，但苗种成活率较低，人工苗种繁育技术有待进一步突破。全国共普查到5个繁育主体开展该资源的活体保种和/或苗种生产。

233.太门哲罗鲑（*Hucho taimen*）

俗名 哲罗鱼。

（中国水产科学研究院黑龙江水产研究所 提供）

分类地位 动物界（Animalia）、脊索动物门（Chordata）、硬骨鱼纲（Osteichthyes）、鲑形目（Salmoniformes）、鲑科（Salmonidae）、哲罗鱼属（*Hucho*）。

地位作用 太门哲罗鲑是我国淡水鱼类区域养殖种，野外种群列入《国家重点保护野生动物名录》（二级）。主要用途为食用、保护。

养殖分布 太门哲罗鲑主要在我国东北、西北、华北等地区养殖，包括：山西、内蒙古、辽宁、吉林、黑龙江、新疆、新疆生产建设兵团等。

养殖模式 太门哲罗鲑的养殖水体为淡水，主要养殖模式为流水池塘单养等。

开发利用情况 太门哲罗鲑为本土种，国内自然分布于额尔齐斯河、黑龙江、乌苏里江、喀纳斯湖，国外主要分布于俄罗斯、蒙古国、哈萨克斯坦。21世纪初解决了其人工苗种繁育技术。全国共普查到13个繁育主体开展该资源的活体保种和/或苗种生产。

234.达氏鳇（*Huso dauricus*）

俗名　黑龙江鳇、达乌尔鳇、鳇鱼。

（张颖　提供）

分类地位　动物界（Animalia）、脊索动物门（Chordata）、硬骨鱼纲（Osteichthyes）、鲟形目（Acipenseriformes）、鲟科（Acipenseridae）、鳇属（*Huso*）。

地位作用　达氏鳇是我国淡水鱼类主养种，野外种群列入《国家重点保护野生动物名录》（一级）。主要用途为食用、保护。

养殖分布　达氏鳇主要在我国华东、西南、华中、东北等地区养殖，包括：北京、河北、辽宁、黑龙江、江苏、浙江、福建、山东、湖北、湖南、广东、广西、重庆、四川、云南、陕西、甘肃、新疆等。

养殖模式　达氏鳇的养殖水体为淡水、半咸水，主要养殖模式包括池塘养殖、工厂化养殖、网箱养殖、大水面增养殖等。

开发利用情况　达氏鳇为本土种，自然分布于黑龙江干流、松花江、乌苏里江及兴凯湖。20世纪末解决了其人工苗种繁育技术，已成为我国主要的商业化人工养殖鲟鱼种类之一，已有杂交鲟"鲟龙1号"1个品种通过全国水产原种和良种审定委员会审定。全国共普查到27个繁育主体开展该资源的活体保种和/或苗种生产。

235.欧洲鳇（*Huso huso*）

俗名 欧鳇、黑海鳇。

（张颖 提供）

分类地位 动物界（Animalia）、脊索动物门（Chordata）、硬骨鱼纲（Osteichthyes）、鲟形目（Acipenseriformes）、鲟科（Acipenseridae）、鳇属（*Huso*）。

地位作用 欧洲鳇是我国淡水鱼类主养种，列入《濒危野生动植物种国际贸易公约》（附录Ⅱ）。主要用途为食用、保护。

养殖分布 欧洲鳇主要在我国华中、华北、华东等地区养殖，包括北京、河北、黑龙江、浙江、江西、湖北等。

养殖模式 欧洲鳇的养殖水体为人工可控的淡水、半咸水水域，主要养殖模式包括池塘养殖、工厂化养殖、网箱养殖、大水面增养殖等。

开发利用情况 欧洲鳇为引进种，自然分布于黑海、里海、亚速海等水域。我国于21世纪头十年解决了其人工苗种繁育技术。全国共普查到2个繁育主体开展该资源的活体保种和/或苗种生产。

236.池沼公鱼（*Hypomesus olidus*）

俗名 黄瓜鱼。

（罗刚 提供）

分类地位 动物界（Animalia）、脊索动物门（Chordata）、硬骨鱼纲（Osteichthyes）、胡瓜鱼目（Osmeriformes）、胡瓜鱼科（Osmeridae）、公鱼属（*Hypomesus*）。

地位作用 池沼公鱼是我国淡水鱼类潜在养殖种。主要用途为食用。

养殖分布 池沼公鱼主要在我国华北、东北、西北等地区养殖，包括：河北、山西、内蒙古、辽宁、吉林、黑龙江、青海、新疆、新疆生产建设兵团等。

养殖模式 池沼公鱼的养殖水体为淡水，主要养殖模式包括大水面增养殖等，主要为混养。

开发利用情况 池沼公鱼为本土种，国内自然分布于黑龙江、乌苏里江、图们江、鸭绿江及辽东半岛的大洋河、大西山水库等，国外主要分布于北太平洋的北美洲和亚洲沿岸。20世纪90年代解决了其人工苗种繁育技术。

237.大鳞四须鲃（*Hypsibarbus vernayi*）

俗名 无。

（李永明　提供）

分类地位 动物界(Animalia)、脊索动物门(Chordata)、硬骨鱼纲(Osteichthyes)、鲤形目(Cypriniformes)、鲤科(Cyprinidae)、高须鱼属(*Hypsibarbus*)。

地位作用 大鳞四须鲃是我国淡水鱼类潜在养殖种。主要用途为食用。

养殖分布 大鳞四须鲃主要在我国西南、华东等地区养殖，包括：上海、云南等。

养殖模式 大鳞四须鲃的养殖水体为淡水，主要养殖模式包括大水面增养殖等。

开发利用情况 大鳞四须鲃为本土种，主要分布于云南西双版纳的澜沧江水系。21世纪头十年初步解决了其人工苗种繁育技术。全国共普查到6个繁育主体开展该资源的活体保种和/或苗种生产。

238.美国大口胭脂鱼（*Ictiobus cyprinellus*）

俗名　大口牛脂鱼、巨口牛脂鱼、大口水牛鱼、水牛鱼等。

（罗刚　提供）

分类地位　动物界（Animalia）、脊索动物门（Chordata）、硬骨鱼纲（Osteichthyes）、鲤形目（Cypriniformes）、胭脂鱼科（Ictiobidae）、亚口鱼属（*Ictiobus*）。

地位作用　美国大口胭脂鱼是我国淡水鱼类潜在养殖种。主要用途为食用和饵料用。

养殖分布　美国大口胭脂鱼主要在我国华南、华中、华东等地区养殖，包括：天津、上海、福建、湖北、湖南、广东、重庆、云南等。

养殖模式　美国大口胭脂鱼的养殖水体为人工可控的淡水水域，主要养殖模式包括池塘养殖、网箱养殖、大水面增养殖等，主要与草鱼、鲤、鲢、鳙等混养。

开发利用情况　美国大口胭脂鱼为引进种，20世纪90年代从美国引进并解决了其人工苗种繁育技术。全国共普查到3个繁育主体开展该资源的活体保种和/或苗种生产。

239. 中华金沙鳅（*Jinshaia sinensis*）

俗名 石爬子、中华间爬岩鳅、中华间吸鳅等。

（中国科学院昆明动物研究所 提供）

分类地位 动物界（Animalia）、脊索动物门（Chordata）、硬骨鱼纲（Osteichthyes）、鲤形目（Cypriniformes）、平鳍鳅科（Balitoridae）、金沙鳅属（*Jinshaia*）。

地位作用 中华金沙鳅是我国长江上游特色养殖种。主要用途为观赏。

养殖分布 中华金沙鳅主要在我国湖北等地区养殖。

养殖模式 中华金沙鳅的养殖水体为淡水，主要养殖模式包括小水体养殖等。

开发利用情况 中华金沙鳅为本土种，目前可通过控制水文条件促进自然繁殖，尚未解决其人工苗种繁育技术。全国共普查到1个繁育主体开展该资源的活体保种和/或苗种生产。

240.露斯塔野鲮（*Labeo rohita*）

俗名 南亚野鲮、印度野鲮、泰国野鲮等。

（李凯彬 提供）

分类地位 动物界（Animalia）、脊索动物门（Chordata）、硬骨鱼纲（Osteichthyes）、鲤形目（Cypriniformes）、鲤科（Cyprinidae）、野鲮属（*Labeo*）。

地位作用 露斯塔野鲮是我国淡水鱼类特色养殖种。主要用途为饵料用。

养殖分布 露斯塔野鲮主要在我国华南等地区养殖，包括：广东、广西、海南、云南等。

养殖模式 露斯塔野鲮的养殖水体为人工可控的淡水水域，主要养殖模式包括池塘混养等。

开发利用情况 露斯塔野鲮为引进种，是重要的饵料鱼。20世纪70年代引进，20世纪80年代解决了其人工苗种繁育技术。全国共普查到81个繁育主体开展该资源的活体保种和/或苗种生产。

241. 蓝太阳鱼（*Lepomis cyanellus*）

俗名 绿太阳鱼。

（陈啸 提供）

分类地位 动物界（Animalia）、脊索动物门（Chordata）、硬骨鱼纲（Osteichthyes）、鲈形目（Perciformes）、太阳鱼科（Centrarchidae）、太阳鱼属（*Lepomis*）。

地位作用 蓝太阳鱼是我国淡水鱼类观赏种。主要用途为观赏和食用。

养殖分布 蓝太阳鱼主要在我国华南、华东等地区养殖，包括：浙江、安徽、江西、湖北、广东等。

养殖模式 蓝太阳鱼的养殖水体为人工可控的淡水水域，主要养殖模式包括池塘养殖、游钓放养等，主要为单养，也可与鳗鲡、四大家鱼等混养。

开发利用情况 蓝太阳鱼为引进种，原产于美洲，属于暖水性鱼类。20世纪末作为观赏和游钓用鱼引入中国，目前已解决其人工繁育技术。全国共普查到 4 个繁育主体开展该资源的活体保种和/或苗种生产。

242.蓝鳃太阳鱼（*Lepomis macrochirus*）

俗名　蓝鳃鱼、蓝绿鳞鳃太阳鱼等。

（姜鹏　提供）

分类地位　动物界（Animalia）、脊索动物门（Chordata）、硬骨鱼纲（Osteichthyes）、鲈形目（Perciformes）、太阳鱼科（Centrarchidae）、太阳鱼属（*Lepomis*）。

地位作用　蓝鳃太阳鱼是我国淡水鱼类观赏种。主要用途为观赏和食用。

养殖分布　蓝鳃太阳鱼主要在我国华南、华东等地区养殖，包括：天津、浙江、安徽、江西、湖北、湖南、广东、四川等。

养殖模式　蓝鳃太阳鱼的养殖水体为人工可控的淡水水域，主要养殖模式包括池塘养殖、水族箱养殖等，可单养，也可与鳗鲡、四大家鱼等混养。

开发利用情况　蓝鳃太阳鱼为引进种，20世纪80年代从美国引进，可自然繁殖。全国共普查到4个繁育主体开展该资源的活体保种和/或苗种生产。

243. 长薄鳅（*Leptobotia elongata*）

俗名 花鱼、花斑鳅、花泥鳅、红沙鳅钻、火军、花鳅等。

（中国科学院昆明动物研究所 提供）

分类地位 动物界（Animalia）、脊索动物门（Chordata）、硬骨鱼纲（Osteichthyes）、鲤形目（Cypriniformes）、鳅科（Cobitidae）、薄鳅属（*Leptobotia*）。

地位作用 长薄鳅是我国淡水鱼类潜在养殖种，野外种群列入《国家重点保护野生动物名录》（二级）。主要用途为保护和观赏。

养殖分布 长薄鳅主要在我国西南等地区养殖，包括：重庆、四川、云南等。

养殖模式 长薄鳅的养殖水体为淡水，主要养殖模式包括水泥池养殖、池塘养殖等。

开发利用情况 长薄鳅为本土种，目前已解决其人工苗种繁育技术。全国共普查到10个繁育主体开展该资源的活体保种和/或苗种生产。

244.日本七鳃鳗（*Lethenteron camtschaticum*）

俗名　八目鳗、七星子、东亚叉牙七鳃鳗、七鳃鳗等。

（霍堂斌　提供）

  分类地位　动物界（Animalia）、脊索动物门（Chordata）、圆口纲（Cyclostomata）、七鳃鳗目（Petromyzontiformes）、七鳃鳗科（Petromyzonidae）、叉牙七鳃鳗属（*Lethenteron*）。

  地位作用　日本七鳃鳗是我国淡水鱼类珍稀保护种，列入《国家重点保护野生动物名录》（二级）。是无颌类脊椎动物代表之一，在生物进化和疾病研究领域可作为模式生物。主要用途为科研、保护。

  养殖分布　日本七鳃鳗主要在我国广东等地区养殖。

  养殖模式　日本七鳃鳗为典型的洄游性鱼类，以捕捞为主，养殖模式包括池塘养殖等。

  开发利用情况　日本七鳃鳗为本土种，属于江海洄游性鱼类，其人工繁育和养殖的研究尚存在很多空白，没有形成规模化养殖。

245.贝加尔雅罗鱼（*Leuciscus baicalensis*）

俗名 小白鱼、小白条。

（罗刚 提供）

　　分类地位 动物界（Animalia）、脊索动物门（Chordata）、硬骨鱼纲（Osteichthyes）、鲤形目（Cypriniformes）、鲤科（Cyprinidae）、雅罗鱼属（*Leuciscus*）。

　　地位作用 贝加尔雅罗鱼是我国淡水鱼类潜在养殖种。主要用途为食用。

　　养殖分布 贝加尔雅罗鱼主要在我国西北、华北等地区养殖，包括：内蒙古、新疆、新疆生产建设兵团等。

　　养殖模式 贝加尔雅罗鱼的养殖水体为淡水，主要养殖模式包括大水面增养殖等，以单养为主。

　　开发利用情况 贝加尔雅罗鱼为本土种，国内自然分布于新疆北部额尔齐斯河和乌伦古河水系，国外主要分布于俄罗斯西伯利亚地区鄂毕河与科雷马河水系。近年来，受自然环境恶化、修建水利工程等影响，贝加尔雅罗鱼的种群数量已非常稀少。21世纪头十年解决了其人工苗种繁育技术。全国共普查到3个繁育主体开展该资源的活体保种和/或苗种生产。

246.黄河雅罗鱼（*Leuciscus chuanchicus*）

俗名 白鱼、鲤。

（罗刚 提供）

　　分类地位 动物界（Animalia）、脊索动物门（Chordata）、硬骨鱼纲（Osteichthyes）、鲤形目（Cypriniformes）、鲤科（Cyprinidae）、雅罗鱼属（*Leuciscus*）。

　　地位作用 黄河雅罗鱼是我国黄河流域特色养殖种。主要用途为食用。

　　养殖分布 黄河雅罗鱼主要在我国内蒙古等地区养殖。

　　养殖模式 黄河雅罗鱼的养殖水体为淡水，主要养殖模式包括池塘养殖、工厂化养殖等。

　　开发利用情况 黄河雅罗鱼为本土种，是我国黄河流域特有鱼类，近年解决了其人工苗种繁育技术。

247.圆腹雅罗鱼（*Leuciscus idus*）

俗名 高体雅罗鱼、小白鱼、中白条。

（王刚 提供）

分类地位 动物界（Animalia）、脊索动物门（Chordata）、硬骨鱼纲（Osteichthyes）、鲤形目（Cypriniformes）、鲤科（Cyprinidae）、雅罗鱼属（*Leuciscus*）。

地位作用 圆腹雅罗鱼是我国淡水鱼类潜在养殖种。主要用途为食用。

养殖分布 圆腹雅罗鱼主要在我国西北、东北等地区养殖，包括辽宁、新疆、新疆生产建设兵团等。

养殖模式 圆腹雅罗鱼的养殖水体为淡水，主要养殖模式包括池塘养殖等。

开发利用情况 圆腹雅罗鱼为本土种，自然分布于新疆额尔齐斯河水系。21世纪初期解决了其人工苗种繁育技术，目前尚未形成规模化养殖。全国共普查到3个繁育主体开展该资源的活体保种和/或苗种生产。

248. 准噶尔雅罗鱼（*Leuciscus merzbacheri*）

俗名 新疆雅罗鱼。

（罗刚　提供）

分类地位 动物界（Animalia）、脊索动物门（Chordata）、硬骨鱼纲（Osteichthyes）、鲤形目（Cypriniformes）、鲤科（Cyprinidae）、雅罗鱼属（*Leuciscus*）。

地位作用 准噶尔雅罗鱼是我国淡水鱼类潜在养殖种。主要用途为食用。

养殖分布 准噶尔雅罗鱼主要在我国新疆生产建设兵团等地区养殖。

养殖模式 准噶尔雅罗鱼的养殖水体为淡水，主要养殖模式包括大水面增养殖、池塘养殖等。

开发利用情况 准噶尔雅罗鱼为本土种，仅分布于新疆北部的准噶尔盆地，是新疆特有的土著鱼。近年我国初步探索准噶尔雅罗鱼的人工驯养及繁殖，但受限于饲养条件和养殖技术，苗种成活率较低，人工苗种繁育技术有待进一步突破。

249.瓦氏雅罗鱼（*Leuciscus waleckii*）

俗名　江鱼、白鱼、滑子鱼、滑鱼、阳浮子、浮子鱼、东北雅罗鱼等。

（梁利群　提供）

　　分类地位　动物界（Animalia）、脊索动物门（Chordata）、硬骨鱼纲（Osteichthyes）、鲤形目（Cypriniformes）、鲤科（Cyprinidae）、雅罗鱼属（*Leuciscus*）。

　　地位作用　瓦氏雅罗鱼是我国淡水鱼类潜在养殖种。主要用途为食用。

　　养殖分布　瓦氏雅罗鱼主要在我国华北、东北等地区养殖，包括：北京、内蒙古、辽宁、吉林、黑龙江等。

　　养殖模式　瓦氏雅罗鱼的养殖水体为淡水、半咸水、海水，主要养殖模式包括池塘养殖等，以混养为主。

　　开发利用情况　瓦氏雅罗鱼为本土种，自然分布于黑龙江流域、辽河以及内蒙古部分内陆盐碱湖泊中。21世纪初解决了其人工苗种繁育技术，并于近年开展规模化人工繁殖试验，目前养殖规模较小。全国共普查到8个繁育主体开展该资源的活体保种和/或苗种生产。

250. 拟缘鮠（*Liobagrus marginatoides*）

俗名 白水蜂子、鱼蜂子等。

（陈啸　提供）

分类地位　动物界（Animalia）、脊索动物门（Chordata）、硬骨鱼纲（Osteichthyes）、鲇形目（Siluriformes）、钝头鮠科（Amblycipitidae）、鮠属（*Liobagrus*）。

地位作用　拟缘鮠是我国长江中上游支流特色养殖种。主要用途为食用和观赏。

养殖分布　拟缘鮠主要在我国湖北等地区养殖。

养殖模式　拟缘鮠的养殖水体为淡水，主要养殖模式包括山溪流水养殖、微流水养殖等。

开发利用情况　拟缘鮠为本土种，尚未解决其人工苗种繁育技术。

251.白缘鲹（*Liobagrus marginatus*）

俗名 水蜂子、鱼蜂子等。

（车星锦 提供）

分类地位 动物界（Animalia）、脊索动物门（Chordata）、硬骨鱼纲（Osteichthyes）、鲇形目（Siluriformes）、钝头鮠科（Amblycipitidae）、鲹属（*Liobagrus*）。

地位作用 白缘鲹是我国长江流域特色养殖种。主要用途为食用和观赏。

养殖分布 白缘鲹主要在我国华中、西南等地区养殖，包括：湖北、四川等。

养殖模式 白缘鲹的养殖水体为淡水，主要养殖模式包括山溪流水养殖、微流水养殖等。

开发利用情况 白缘鲹为本土种，尚未解决其人工苗种繁育技术。全国共普查到2个繁育主体开展该资源的活体保种和/或苗种生产。

252. 江鳕（*Lota lota*）

俗名　山鳕、山鲇鱼、鲇鱼等。

（王刚　提供）

分类地位　动物界（Animalia）、脊索动物门（Chordata）、硬骨鱼纲（Osteichthyes）、鳕形目（Gadiformes）、鳕科（Gadidae）、江鳕属（*Lota*）。

地位作用　江鳕是我国淡水鱼类潜在养殖种。主要用途为食用。

养殖分布　江鳕主要在我国西南、华东、华南、西北、华北等地区养殖，包括：浙江、江西、湖北、广西、四川、新疆、新疆生产建设兵团等。

养殖模式　江鳕的养殖水体为淡水，主要养殖模式包括水泥池养殖等。

开发利用情况　江鳕为本土种，自然分布于新疆的额尔齐斯河及东北的黑龙江水系和鸭绿江上游。我国开展了江鳕的人工繁殖研究，尚未解决大规模人工苗种繁育技术。全国共普查到3个繁育主体开展该资源的活体保种和/或苗种生产。

253.短头梭鲃（*Luciobarbus brachycephalus*）

俗名　丽江雪山鱼、小洞鱼等。

（罗刚　提供）

分类地位　动物界（Animalia）、脊索动物门（Chordata）、硬骨鱼纲（Osteichthyes）、鲤形目（Cypriniformes）、鲤科（Cyprinidae）、亮鲃属（*Luciobarbus*）。

地位作用　短头梭鲃是我国云南地区特色养殖种。主要用途为食用。

养殖分布　短头梭鲃主要在我国西南、华东等地区养殖，包括：云南、上海等。

养殖模式　短头梭鲃的养殖水体为淡水，主要养殖模式包括池塘养殖等。

开发利用情况　短头梭鲃为本土种，尚未解决其大规模人工苗种繁育技术。

254. 大鳞鲃（*Luciobarbus capito*）

俗名 大鳞鲃鱼、团头鲃、锥首鲃、淡水银鳕鱼、淡水鳕鱼等。

（罗刚 提供）

分类地位 动物界（Animalia）、脊索动物门（Chordata）、硬骨鱼纲（Osteichthyes）、鲤形目（Cypriniformes）、鲤科（Cyprinidae）、亮鲃属（*Luciobarbus*）。

地位作用 大鳞鲃是我国淡水鱼类特色养殖种。主要用途为食用。

养殖分布 大鳞鲃主要在我国西南、华东、华北、华南、华中等地区养殖，包括：天津、河北、山西、内蒙古、辽宁、黑龙江、上海、江苏、浙江、安徽、福建、江西、山东、湖北、湖南、广东、广西、重庆、四川、贵州、云南、陕西、新疆等。

养殖模式 大鳞鲃的养殖水体为人工可控的淡水水域，主要养殖模式包括池塘养殖、网箱养殖等。

开发利用情况 大鳞鲃为引进种，2003年引进，目前已解决其人工苗种繁育技术。全国共普查到15个繁育主体开展该资源的活体保种和/或苗种生产。

255.单纹似鳡（*Luciocyprinus langsoni*）

俗名 墨线鳡（广西）、竿鲌、棒子鱼、棍子鱼、线鳡、红尾鳡、香花鳡、鳡条鱼、杆条鱼（云南）等。

（雷皓天 提供）

分类地位 动物界（Animalia）、脊索动物门（Chordata）、硬骨鱼纲（Osteichthyes）、鲤形目（Cypriniformes）、鲤科（Cyprinidae）、似鳡属（*Luciocyprinus*）。

地位作用 单纹似鳡是我国淡水鱼类珍稀保护种，列入《国家重点保护野生动物名录》（二级）。主要用途为保护。

养殖分布 单纹似鳡主要在我国华东、华南等地区养殖，包括：广西、江苏等。

养殖模式 单纹似鳡的养殖水体为淡水，主要养殖模式包括池塘养殖等。

开发利用情况 单纹似鳡为本土种，目前已开展其人工繁殖以及栖息地增殖放流等工作，尚未解决其人工苗种繁育技术。全国共普查到1个繁育主体开展该资源的活体保种和/或苗种生产。

256. 虫纹鳕鲈（*Maccullochella peelii*）

俗名　墨瑞鳕、河鳕、东洋鳕、淡水鲈鱼等。

（李胜杰　提供）

分类地位　动物界（Animalia）、脊索动物门（Chordata）、硬骨鱼纲（Osteichthyes）、鲈形目（Perciformes）、真鲈科（Percichthyidae）、麦鳕鲈属（*Maccullochella*）。

地位作用　虫纹鳕鲈是我国淡水鱼类特色养殖种。主要用途为食用。

养殖分布　虫纹鳕鲈主要在我国华东、华南等地区养殖，包括：内蒙古、上海、江苏、浙江、安徽、江西、山东、广东、广西、陕西等。

养殖模式　虫纹鳕鲈的养殖水体为人工可控的淡水水域，主要养殖模式包括工厂化养殖等。

开发利用情况　虫纹鳕鲈为引进种，21世纪初从澳大利亚引进，21世纪头十年解决了其人工苗种繁育技术。全国共普查到8个繁育主体开展该资源的活体保种和/或苗种生产。

257. 圆尾斗鱼 (*Macropodus ocellatus*)

俗名 草鞋鱼、火烧鳑鲏、太平鱼、铺新鱼等。

（原居林 提供）

分类地位 动物界（Animalia）、脊索动物门（Chordata）、硬骨鱼纲（Osteichthyes）、鲈形目（Perciformes）、斗鱼科(Belontiidae)、斗鱼属（*Macropodus*）。

地位作用 圆尾斗鱼是我国淡水鱼类观赏种。主要用途为观赏。

养殖分布 圆尾斗鱼主要在我国华南、华东、西南等地区养殖，包括：福建、广东、广西、四川等。

养殖模式 圆尾斗鱼的养殖水体为淡水，主要养殖模式包括池塘养殖、沟渠养殖、稻田养殖、水族箱养殖等。

开发利用情况 圆尾斗鱼为本土种，可在自然条件下繁殖。全国共普查到1个繁育主体开展该资源的活体保种和/或苗种生产。

258.盖斑斗鱼（*Macropodus opercularis*）

俗名 叉尾斗鱼、三斑斗鱼、台湾斗鱼、天堂鱼、台湾金鱼等。

（陈啸 提供）

分类地位 动物界（Animalia）、脊索动物门（Chordata）、硬骨鱼纲（Osteichthyes）、鲈形目（Perciformes）、斗鱼科(Belontiidae)、斗鱼属（*Macropodus*）。

地位作用 盖斑斗鱼是我国淡水鱼类观赏种。主要用途为观赏。

养殖分布 盖斑斗鱼主要在我国华南、华东等地区养殖，包括：广东、福建等。

养殖模式 盖斑斗鱼的养殖水体为淡水，主要养殖模式包括池塘养殖、沟渠养殖、稻田养殖、水族箱养殖等。

开发利用情况 盖斑斗鱼为本土种，可在自然条件下繁殖。全国共普查到2个繁育主体开展该资源的活体保种和/或苗种生产。

259.大刺鳅（*Mastacembelus armatus*）

俗名　纳锥、石锥、粗麻割、辣椒鱼、刀枪鱼等。

（罗刚　提供）

分类地位　动物界（Animalia）、脊索动物门（Chordata）、硬骨鱼纲（Osteichthyes）、鲈形目（Perciformes）、刺鳅科（Mastacembelidae）、刺鳅属（*Mastacembelus*）。

地位作用　大刺鳅是我国淡水鱼类潜在养殖种。主要用途为食用。

养殖分布　大刺鳅主要在我国华南、华东等地区养殖，包括：福建、江西、广东、广西、海南等。

养殖模式　大刺鳅的养殖水体为淡水，主要养殖模式包括池塘养殖、集约化养殖等。

开发利用情况　大刺鳅为本土种，21世纪初解决了其人工苗种繁育技术。全国共普查到12个繁育主体开展该资源的活体保种和/或苗种生产。

260. 广东鲂（*Megalobrama hoffmanni*）

俗名 边鱼、海鳊、花扁、真扁鱼、河鳊等。

（朱华平　提供）

分类地位 动物界（Animalia）、脊索动物门（Chordata）、硬骨鱼纲（Osteichthyes）、鲤形目（Cypriniformes）、鲤科（Cyprinidae）、鲂属（*Megalobrama*）。

地位作用 广东鲂是广东等地特色养殖种。主要用途为食用。

养殖分布 广东鲂主要在我国广东等地区养殖。

养殖模式 广东鲂的养殖水体为淡水，主要养殖模式包括池塘养殖、网箱养殖等。

开发利用情况 广东鲂为本土种，21世纪初解决了其人工苗种繁育技术。全国共普查到4个繁育主体开展该资源的活体保种和/或苗种生产。

261. 厚颌鲂（*Megalobrama pellegrini*）

俗名 乌鳊、三角鳊、三角鲂等。

（罗刚　提供）

　　分类地位 动物界（Animalia）、脊索动物门（Chordata）、硬骨鱼纲（Osteichthyes）、鲤形目（Cypriniformes）、鲤科（Cyprinidae）、鲂属（*Megalobrama*）。

　　地位作用 厚颌鲂是我国淡水鱼类潜在养殖种。主要用途为食用。

　　养殖分布 厚颌鲂主要在我国华东、西南、华中等地区养殖，包括：江苏、江西、湖北、重庆、四川等。

　　养殖模式 厚颌鲂的养殖水体为淡水，主要养殖模式包括池塘养殖等。

　　开发利用情况 厚颌鲂为本土种，是长江上游特有鱼类，21世纪初解决了其人工苗种繁育技术。全国共普查到10个繁育主体开展该资源的活体保种和/或苗种生产。

262.湄南缺鳍鲇（*Micronema cheveyi*）

俗名 无。

（王敏奇　提供）

分类地位 动物界（Animalia）、脊索动物门（Chordata）、硬骨鱼纲（Osteichthyes）、鲇形目（Siluriformes）、鲇科（Siluridae）、细丝鲇属（*Micronema*）。

地位作用 湄南缺鳍鲇是我国云南等地特色养殖种。主要用途为观赏。

养殖分布 湄南缺鳍鲇主要在我国云南等地区养殖。

养殖模式 湄南缺鳍鲇的养殖水体为淡水，主要养殖模式包括池塘养殖等。

开发利用情况 湄南缺鳍鲇为本土种，自然分布于云南澜沧江下游的景洪及湄公河等，目前已解决其人工苗种繁育技术。全国共普查到1个繁育主体开展该资源的活体保种和/或苗种生产。

263.黑龙江泥鳅（*Misgurnus mohoity*）

俗名 鳅、泥鳅等。

（李雷 提供）

　　分类地位 动物界（Animalia）、脊索动物门（Chordata）、硬骨鱼纲（Osteichthyes）、鲤形目（Cypriniformes）、鳅科（Cobitidae）、泥鳅属（*Misgurnus*）。

　　地位作用 黑龙江泥鳅是我国黑龙江流域特色养殖种。主要用途为食用。

　　养殖分布 黑龙江泥鳅主要在我国华北、东北等地区养殖，包括：河北、吉林、黑龙江等。

　　养殖模式 黑龙江泥鳅的养殖水体为淡水，主要养殖模式包括池塘养殖等。

　　开发利用情况 黑龙江泥鳅为本土种，自然分布于黑龙江中游和下游、乌苏里江、松花江、嫩江、绥芬河及其附属水域。未有关于黑龙江泥鳅人工苗种繁育技术的报道。

264.胭脂鱼（*Myxocyprinus asiaticus*）

俗名　火烧鳊、黄排、木叶盘、红鱼、紫鳊、燕雀鱼、血排、粉排等。

（林永晟　提供）

分类地位　动物界（Animalia）、脊索动物门（Chordata）、硬骨鱼纲（Osteichthyes）、鲤形目（Cypriniformes）、亚口鱼科（Catostomidae）、胭脂鱼属（*Myxocyprinus*）。

地位作用　胭脂鱼是我国淡水鱼类观赏种，野外种群列入《国家重点保护野生动物名录》（二级）。主要用途为保护和观赏。

养殖分布　胭脂鱼主要在我国华中、西南等地区养殖，包括：天津、山西、上海、江苏、浙江、安徽、福建、江西、河南、湖北、湖南、广东、广西、重庆、四川、贵州、云南、宁夏等。

养殖模式　胭脂鱼的养殖水体为淡水，主要养殖模式包括池塘养殖等。

开发利用情况　胭脂鱼为本土种，是我国特有种。20世纪80年代解决了其人工苗种繁育技术。全国共普查到51个繁育主体开展该资源的活体保种和/或苗种生产。

265.保山新光唇鱼
（*Neolissochilus baoshanensis*）

俗名 黄壳鱼。

（罗刚 提供）

分类地位 动物界（Animalia）、脊索动物门（Chordata）、硬骨鱼纲（Osteichthyes）、鲤形目（Cypriniformes）、鲤科(Cyprinidae)、新光唇鱼属（*Neolissochilus*）。

地位作用 保山新光唇鱼是我国云南地区的特色养殖种。主要用途为食用、观赏。

养殖分布 保山新光唇鱼主要在我国云南等地区养殖。

养殖模式 保山新光唇鱼的养殖水体为淡水，主要养殖模式包括池塘养殖等，以单养为主。

开发利用情况 保山新光唇鱼为本土种，是我国近几年开发的养殖种，初步解决了其人工苗种繁育技术。全国共普查到2个繁育主体开展该资源的活体保种和/或苗种生产。

266. 软鳍新光唇鱼（*Neolissochilus benasi*）

俗名 花鱼、黄金吉罗、豹子鱼（云南）。

（中国科学院昆明动物研究所　提供）

分类地位 动物界（Animalia）、脊索动物门（Chordata）、硬骨鱼纲（Osteichthyes）、鲤形目（Cypriniformes）、鲤科（Cyprinidae）、新光唇鱼属（*Neolissochilus*）。

地位作用 软鳍新光唇鱼是我国云南红河流域特色养殖种。主要用途为食用、观赏。

养殖分布 软鳍新光唇鱼主要在我国云南等地区养殖。

养殖模式 软鳍新光唇鱼的养殖水体为淡水，主要养殖模式包括池塘养殖等，以单养为主。

开发利用情况 软鳍新光唇鱼为本土种，是我国21世纪初开发的养殖种，解决了其人工苗种繁育技术，已有软鳍新光唇鱼"墨龙1号"1个品种通过全国水产原种和良种审定委员会审定。全国共普查到3个繁育主体开展该资源的活体保种和/或苗种生产。

267.异口新光唇鱼
(*Neolissochilus heterostomus*)

俗名 蓝吉罗。

（罗刚 提供）

分类地位 动物界（Animalia）、脊索动物门（Chordata）、硬骨鱼纲（Osteichthyes）、鲤形目（Cypriniformes）、鲤科(Cyprinidae)、新光唇鱼属（*Neolissochilus*）。

地位作用 异口新光唇鱼是我国淡水鱼类潜在养殖种。主要用途为食用、观赏。

养殖分布 异口新光唇鱼主要在我国云南等地区养殖。

养殖模式 异口新光唇鱼的养殖水体为淡水，主要养殖模式包括池塘养殖等，以单养为主。

开发利用情况 异口新光唇鱼为本土种，是我国近几年开发的养殖种，初步解决了其人工苗种繁育技术。全国共普查到3个繁育主体开展该资源的活体保种和/或苗种生产。

268.墨脱新光唇鱼
（*Neolissochilus hexagonolepis*）

俗名 墨脱四须鲃、大鳞鱼、开阿（门巴语）、绿鳞鱼。

（张驰 提供）

分类地位 动物界（Animalia）、脊索动物门（Chordata）、硬骨鱼纲（Osteichthyes）、鲤形目（Cypriniformes）、鲤科(Cyprinidae)、新光唇鱼属（*Neolissochilus*）。

地位作用 墨脱新光唇鱼是我国西藏地区特色养殖种。主要用途为食用、观赏。

养殖分布 墨脱新光唇鱼主要在我国西藏等地区养殖。

养殖模式 墨脱新光唇鱼的养殖水体为淡水，主要养殖模式包括池塘养殖等，以单养为主。

开发利用情况 墨脱新光唇鱼为本土种，是我国21世纪头十年开发的养殖种，初步解决了其人工苗种繁育技术。全国共普查到2个繁育主体开展该资源的活体保种和/或苗种生产。

269.太湖新银鱼（*Neosalanx taihuensis*）

俗名 小银鱼、太湖银鱼、新银鱼、银鱼等。

（郑宇辰 提供）

分类地位 动物界（Animalia）、脊索动物门（Chordata）、硬骨鱼纲（Osteichthyes）、胡瓜鱼目（Osmeriformes）、银鱼科（Salangidae）、新银鱼属（*Neosalanx*）。

地位作用 太湖新银鱼是我国淡水鱼类潜在养殖种。主要用途为食用。

养殖分布 太湖新银鱼主要在我国西北、华中、西南等地区养殖，包括：江苏、江西、河南、四川、云南、陕西等。

养殖模式 太湖新银鱼的养殖水体为淡水，主要养殖模式包括大水面增养殖等。

开发利用情况 太湖新银鱼为本土种，自然分布于长江中、下游的附属湖泊中。太湖新银鱼原种产地在太湖，经过移植后，在许多湖泊、水库均有分布。目前以捕捞为主，尚未完全解决其人工苗种繁育技术。全国共普查到1个繁育主体开展该资源的活体保种和/或苗种生产。

270. 河川沙塘鳢（*Odontobutis potamophilus*）

俗名 土布鱼、塘鳢、沙乌鳢、虎头鱼、虎头鲨、呆子鱼等。

（储乔江 提供）

分类地位 动物界（Animalia）、脊索动物门（Chordata）、硬骨鱼纲（Osteichthyes）、鲈形目（Perciformes）、沙塘鳢科（Odontobutidae）、沙塘鳢属（*Odontobutis*）。

地位作用 河川沙塘鳢是我国淡水鱼类潜在养殖种。主要用途为食用。

养殖分布 河川沙塘鳢主要在我国华东、华中等地区养殖，包括：上海、江苏、浙江、安徽、湖北等。

养殖模式 河川沙塘鳢的养殖水体为淡水，主要养殖模式包括池塘养殖、大水面增养殖等。

开发利用情况 河川沙塘鳢为本土种，已解决其人工苗种繁育技术。全国共普查到9个繁育主体开展该资源的活体保种和/或苗种生产。

271. 中华沙塘鳢 (*Odontobutis sinensis*)

俗名 塘鳢、虎头鲨、沙鳢、蒲鱼、呆子鱼、菜花鱼、四不像、肉趴锥、土才鱼、土憨巴、瞎嘎子、土狗公、木奶奶等。

（陈啸 提供）

分类地位 动物界（Animalia）、脊索动物门（Chordata）、硬骨鱼纲（Osteichthyes）、鲈形目（Perciformes）、沙塘鳢科（Odontobutidae）、沙塘鳢属（*Odontobutis*）。

地位作用 中华沙塘鳢是我国淡水鱼类潜在养殖种。主要用途为食用。

养殖分布 中华沙塘鳢主要在我国华东、华中、华南等地区养殖，包括：湖北、江西、江苏、浙江、安徽、广东等。

养殖模式 中华沙塘鳢的养殖水体为淡水，主要养殖模式为池塘养殖，包括池塘主养和池塘套养。

开发利用情况 中华沙塘鳢为本土种，是近年来新开发的养殖种质资源，20世纪末开始进行中华沙塘鳢人工繁殖技术研究，近年初步解决了其人工苗种繁育技术。全国共普查到6个繁育主体开展该资源的活体保种和/或苗种生产。

272.鸭绿沙塘鳢（*Odontobutis yaluensis*）

俗名 暗色杜父鱼、山胖头、塘鳢鱼、沙鳢、瞎嘎达、瞎胖头（辽宁）。

（陈啸 提供）

分类地位 动物界（Animalia）、脊索动物门（Chordata）、硬骨鱼纲（Osteichthyes）、鲈形目（Perciformes）、沙塘鳢科（Odontobutidae）、沙塘鳢属（*Odontobutis*）。

地位作用 鸭绿沙塘鳢是我国淡水鱼类潜在养殖种。主要用途为食用。

养殖分布 鸭绿沙塘鳢在我国辽宁等地区养殖。

养殖模式 鸭绿沙塘鳢的养殖水体为淡水，主要养殖模式为池塘养殖，包括池塘主养和池塘套养。

开发利用情况 鸭绿沙塘鳢为本土种，是新开发的养殖种质资源。21世纪初，初步解决了其人工苗种繁育技术。全国共普查到1个繁育主体开展该资源的活体保种和/或苗种生产。

273.大麻哈鱼（*Oncorhynchus keta*）

俗名 大马哈鱼、鲑鱼。

（中国水产科学研究院黑龙江水产研究所 提供）

分类地位 动物界（Animalia）、脊索动物门（Chordata）、硬骨鱼纲（Osteichthyes）、鲑形目（Salmoniformes）、鲑科（Salmonidae）、大麻哈鱼属（*Oncorhynchus*）。

地位作用 大麻哈鱼是我国淡水鱼类潜在养殖种。主要用途为食用等。

养殖分布 大麻哈鱼主要在我国东北、华中等地区养殖，包括：辽宁、黑龙江、湖北等。

养殖模式 大麻哈鱼的养殖水体为淡水、半咸水、海水，主要养殖模式包括流水池塘养殖等，以单养为主。

开发利用情况 大麻哈鱼为本土种，是典型的溯河洄游性鱼类，自然分布于黑龙江、乌苏里江、绥芬河、图们江及松花江流域。20世纪50年代解决了其人工苗种繁育技术。目前有多家单位开展该种质资源的保护和恢复工作。全国共普查到2个繁育主体开展该资源的活体保种和/或苗种生产。

274.银鲑（*Oncorhynchus kisutch*）

俗名 银大麻哈鱼。

（冯剑 提供）

分类地位 动物界（Animalia）、脊索动物门（Chordata）、硬骨鱼纲（Osteichthyes）、鲑形目（Salmoniformes）、鲑科（Salmonidae）、大麻哈鱼属（*Oncorhynchus*）。

地位作用 银鲑是我国淡水鱼类潜在养殖种。主要用途为食用。

养殖分布 银鲑主要在我国东北、华东等地区养殖，包括：辽宁、浙江等。

养殖模式 银鲑的养殖水体为人工可控的淡水、半咸水、海水水域，主要养殖模式包括流水池塘养殖等，以单养为主。

开发利用情况 银鲑为引进种，自然分布于北太平洋沿岸，为冷水性鱼类。20世纪80年代从美国引进，21世纪初解决了其人工苗种繁育技术。

275.马苏大麻哈鱼（*Oncorhynchus masou*）

俗名 马苏大马哈鱼、樱鳟、樱鲑、山女鳟等。

（郑伟 提供）

分类地位 动物界（Animalia）、脊索动物门（Chordata）、硬骨鱼纲（Osteichthyes）、鲑形目（Salmoniformes）、鲑科（Salmonidae）、大麻哈鱼属（*Oncorhynchus*）。

地位作用 马苏大麻哈鱼是我国淡水鱼类珍稀保护种，列入《国家重点保护野生动物名录》（二级）。主要用途为保护。

养殖分布 马苏大麻哈鱼主要在我国华北、东北、华东等地区养殖，包括：北京、河北、内蒙古、吉林、黑龙江、福建、山东等。

养殖模式 马苏大麻哈鱼的养殖水体为淡水、半咸水、海水，主要养殖模式包括池塘养殖等，可单养，也可混养。

开发利用情况 马苏大麻哈鱼为本土种，是仅自然分布于北太平洋亚洲大陆一侧水域的冷水性溯河洄游性鲑科鱼类，国内分布于吉林省和黑龙江省的图们江、绥芬河上游以及台湾大甲溪上游。我国于21世纪头十年解决了其人工苗种繁育技术。全国共普查到4个繁育主体开展该资源的活体保种和/或苗种生产。

276.四川白甲鱼
(*Onychostoma angustistomatum*)

俗名 无。

（鲸骑士 提供）

分类地位 动物界（Animalia）、脊索动物门（Chordata）、硬骨鱼纲（Osteichthyes）、鲤形目（Cypriniformes）、鲤科（Cyprinidae）、白甲鱼属（*Onychostoma*）。

地位作用 四川白甲鱼是我国淡水鱼类珍稀保护种，列入《国家重点保护野生动物名录》（二级）。主要用途为保护。

养殖分布 四川白甲鱼主要在我国华中、西南等地区养殖，包括：湖南、重庆、四川等。

养殖模式 四川白甲鱼的养殖水体为淡水，主要养殖模式包括池塘养殖、大水面增养殖等，主要为单养。

开发利用情况 四川白甲鱼为本土种，自然分布于金沙江、雅砻江中下游、大渡河、长江上游干支流等水系，21世纪初解决了其人工苗种繁育技术。全国共普查到5个繁育主体开展该资源的活体保种和/或苗种生产。

277.台湾铲颌鱼（*Onychostoma barbatulum*）

俗名 苦花、竹叶鱼、隐鱼。

（陈啸 提供）

分类地位 动物界（Animalia）、脊索动物门（Chordata）、硬骨鱼纲（Osteichthyes）、鲤形目（Cypriniformes）、鲤科（Cyprinidae）、白甲鱼属（*Onychostoma*）。

地位作用 台湾铲颌鱼是我国淡水鱼类潜在养殖种。主要用途为食用。

养殖分布 台湾铲颌鱼主要在我国浙江等地区养殖。

养殖模式 台湾铲颌鱼的养殖水体为淡水，主要养殖模式包括大水面增养殖、池塘养殖等，主要为大水面增养殖。

开发利用情况 台湾铲颌鱼为本土种，目前已解决其人工苗种繁育技术。全国共普查到1个繁育主体开展该资源的活体保种和/或苗种生产。

278.粗须白甲鱼（*Onychostoma barbatum*）

俗名 麻鱼、赤尾鱼、标杆鱼、石鱼、土狗鱼、叉包。

（陈熹贤 提供）

分类地位 动物界（Animalia）、脊索动物门（Chordata）、硬骨鱼纲（Osteichthyes）、鲤形目（Cypriniformes）、鲤科（Cyprinidae）、白甲鱼属（*Onychostoma*）。

地位作用 粗须白甲鱼是我国淡水鱼类潜在养殖种。主要用途为食用。

养殖分布 粗须白甲鱼主要在我国华中、华东等地区养殖，包括：江西、湖南、贵州等。

养殖模式 粗须白甲鱼的养殖水体为淡水，主要养殖模式包括池塘养殖等。

开发利用情况 粗须白甲鱼为本土种，2020年开展了野生粗须白甲鱼亲本的小规模人工繁殖和鱼种培育，但规模化人工养殖技术尚不成熟。全国共普查到2个繁育主体开展该资源的活体保种和/或苗种生产。

279.南方白甲鱼（*Onychostoma gerlachi*）

俗名　香榄鱼、红尾榄、齐口鲮、石鲮。

（陈熹贤　提供）

分类地位　动物界（Animalia）、脊索动物门（Chordata）、硬骨鱼纲（Osteichthyes）、鲤形目（Cypriniformes）、鲤科（Cyprinidae）、白甲鱼属（*Onychostoma*）。

地位作用　南方白甲鱼是我国淡水鱼类潜在养殖种。主要用途为食用。

养殖分布　南方白甲鱼主要在我国华南、华东等地区养殖，包括：福建、江西、广东、广西、贵州、云南等。

养殖模式　南方白甲鱼的养殖水体为淡水，主要养殖模式包括池塘养殖等，以单养为主。

开发利用情况　南方白甲鱼为本土种，尚未解决其人工苗种繁育技术。全国共普查到3个繁育主体开展该资源的活体保种和／或苗种生产。

280.小口白甲鱼（*Onychostoma lini*）

俗名 红尾子、黄尾鱼、虾条鱼、石吏、山麻鱼。

（陈啸 提供）

分类地位 动物界（Animalia）、脊索动物门（Chordata）、硬骨鱼纲（Osteichthyes）、鲤形目（Cypriniformes）、鲤科（Cyprinidae）、白甲鱼属（*Onychostoma*）。

地位作用 小口白甲鱼是我国淡水鱼类潜在养殖种。主要用途为食用。

养殖分布 小口白甲鱼主要在我国华中、华南等地区养殖，包括：湖北、湖南、广东等。

养殖模式 小口白甲鱼的养殖水体为淡水，主要养殖模式包括池塘养殖等。

开发利用情况 小口白甲鱼为本土种，2010年起，我国对小口白甲鱼人工繁育养殖开展了一定研究，尚未解决其大规模人工苗种繁育技术。全国共普查到1个繁育主体开展该资源的活体保种和/或苗种生产。

281. 多鳞白甲鱼（*Onychostoma macrolepis*）

俗名 时鳞鱼、石鳞鱼、斑纹鱼、赤鳞鱼。

（许晓军 提供）

分类地位 动物界（Animalia）、脊索动物门（Chordata）、硬骨鱼纲（Osteichthyes）、鲤形目（Cypriniformes）、鲤科（Cyprinidae）、白甲鱼属（*Onychostoma*）。

地位作用 多鳞白甲鱼是我国淡水鱼类区域养殖种，野外种群列入《国家重点保护野生动物名录》（二级）。主要用途为食用、保护。

养殖分布 多鳞白甲鱼主要在我国西北、西南、华东、华中等地区养殖，包括：山东、湖北、湖南、重庆、四川、陕西等。

养殖模式 多鳞白甲鱼的养殖水体为淡水，主要养殖模式包括池塘养殖等。

开发利用情况 多鳞白甲鱼为本土种，20世纪80年代进行过该物种的人工繁殖并获得成功，21世纪头十年多鳞白甲鱼在湖北省十堰市堵河水域的人工试养获得成功。全国共普查到33个繁育主体开展该资源的活体保种和/或苗种生产。

282.稀有白甲鱼（*Onychostoma rarum*）

俗名 沙鱼。

（陈啸 提供）

分类地位 动物界（Animalia）、脊索动物门（Chordata）、硬骨鱼纲（Osteichthyes）、鲤形目（Cypriniformes）、鲤科（Cyprinidae）、白甲鱼属（*Onychostoma*）。

地位作用 稀有白甲鱼是我国淡水鱼类潜在养殖种。主要用途为食用。

养殖分布 稀有白甲鱼主要在我国湖南等地区养殖。

养殖模式 稀有白甲鱼的养殖水体为淡水，主要养殖模式包括池塘养殖等。

开发利用情况 稀有白甲鱼为本土种，种质资源逐渐枯竭，近年解决了其人工苗种繁育技术。全国共普查到1个繁育主体开展该资源的活体保种和/或苗种生产。

283.白甲鱼（*Onychostoma simum*）

俗名 白甲、突吻鱼、毛白甲。

（中国科学院昆明动物研究所 提供）

分类地位 动物界（Animalia）、脊索动物门（Chordata）、硬骨鱼纲（Osteichthyes）、鲤形目（Cypriniformes）、鲤科（Cyprinidae）、白甲鱼属（*Onychostoma*）。

地位作用 白甲鱼是我国淡水鱼类潜在养殖种。主要用途为食用。

养殖分布 白甲鱼主要在我国华东、西南等地区养殖，包括：浙江、福建、河南、湖北、广西、重庆、四川、贵州等。

养殖模式 白甲鱼的养殖水体为淡水，主要养殖模式包括池塘养殖等。

开发利用情况 白甲鱼为本土种，21世纪头十年解决了其人工苗种繁育技术。全国共普查到18个繁育主体开展该资源的活体保种和/或苗种生产。

284.马口鱼（*Opsariichthys bidens*）

俗名　马口。

（储乔江　提供）

分类地位　动物界（Animalia）、脊索动物门（Chordata）、硬骨鱼纲（Osteichthyes）、鲤形目（Cypriniformes）、鲤科（Cyprinidae）、马口鱼属（*Opsariichthys*）。

地位作用　马口鱼是我国淡水鱼类潜在养殖种。主要用途为食用。

养殖分布　马口鱼主要在我国华东、华中等地区养殖，包括：辽宁、浙江、安徽、福建、江西、河南、湖北、湖南、广西、重庆、四川、贵州、云南等。

养殖模式　马口鱼的养殖水体为淡水，主要养殖模式包括池塘养殖、工厂化养殖等。

开发利用情况　马口鱼为本土种，是我国2000年后开发的养殖种，目前已解决其人工苗种繁育技术。全国共普查到38个繁育主体开展该资源的活体保种和/或苗种生产。

285.青鳉（*Oryzias latipes*）

俗名 米鳉、稻田鱼、鱼目娘、亮眼鱼。

（庄平 提供）

分类地位 动物界（Animalia）、脊索动物门（Chordata）、硬骨鱼纲（Osteichthyes）、鳉形目（Cyprinodontiformes）、鳉科（Cyprinodontidae）、青鳉属（*Oryzias*）。

地位作用 青鳉是我国淡水鱼类特色养殖种，国际标准组织（ISO）推荐其为毒性试验室的标准用鱼。主要用途为科研。

养殖分布 青鳉主要在我国重庆等地区养殖。

养殖模式 青鳉的养殖水体为淡水，主要养殖模式包括集约化人工饲养等。

开发利用情况 青鳉为本土种，分布于辽河、海南、四川和台湾等，是血液学、遗传学、环境科学、发育生物学以及分子生物学等研究领域的模式生物。已解决其人工苗种繁育技术。

286.中华青鳉（*Oryzias sinensis*）

俗名 小鳉鱼、大眼鱼、鳉鱼。

（中国科学院昆明动物研究所 提供）

分类地位 动物界（Animalia）、脊索动物门（Chordata）、硬骨鱼纲（Osteichthyes）、鳉形目（Cyprinodontiformes）、鳉科（Cyprinodontidae）、青鳉属（*Oryzias*）。

地位作用 中华青鳉是我国淡水鱼类特色养殖种，国际标准组织（ISO）推荐其为毒性实验的标准用鱼。主要用途为科研、食用。

养殖分布 中华青鳉主要在我国云南等地区养殖。

养殖模式 中华青鳉的养殖水体为淡水，主要养殖模式包括集约化人工饲养等。

开发利用情况 中华青鳉为本土种，已解决其人工苗种繁育技术。全国共普查到1个繁育主体开展该资源的活体保种和/或苗种生产。

287.线纹尖塘鳢（*Oxyeleotris lineolata*）

俗名 澳洲笋壳鱼。

（樊佳佳　提供）

  分类地位 动物界（Animalia）、脊索动物门（Chordata）、硬骨鱼纲（Osteichthyes）、鲈形目（Perciformes）、塘鳢科（Eleotridae）、尖塘鳢属（*Oxyeleotris*）。

  地位作用 线纹尖塘鳢是我国淡水鱼类潜在养殖种。主要用途为食用。

  养殖分布 线纹尖塘鳢主要在我国广东等地区养殖。

  养殖模式 线纹尖塘鳢的养殖水体为人工可控的淡水水域，主要养殖模式包括池塘养殖、循环水养殖等。

  开发利用情况 线纹尖塘鳢为引进种，20世纪90年代从澳大利亚引进，21世纪初解决了其人工苗种繁育技术。

288.云斑尖塘鳢（*Oxyeleotris marmorata*）

俗名 笋壳鱼、泰国笋壳鱼、泰国鳢鱼。

（李育森 提供）

分类地位 动物界（Animalia）、脊索动物门（Chordata）、硬骨鱼纲（Osteichthyes）、鲈形目（Perciformes）、塘鳢科（Eleotridae）、尖塘鳢属（*Oxyeleotris*）。

地位作用 云斑尖塘鳢是我国淡水鱼类潜在养殖种。主要用途为食用。

养殖分布 云斑尖塘鳢主要在我国广东等地区养殖。

养殖模式 云斑尖塘鳢的养殖水体为人工可控的淡水水域，主要养殖模式包括池塘养殖、水泥池养殖等。

开发利用情况 云斑尖塘鳢为引进种，1975年和20世纪80年代分别从柬埔寨和泰国引进，并解决了其人工苗种繁育技术。全国共普查到12个繁育主体开展该资源的活体保种和/或苗种生产。

289.尖裸鲤（*Oxygymnocypris stewartii*）

俗名 斯氏裸鲤、白鱼。

（李雷 提供）

分类地位 动物界（Animalia）、脊索动物门（Chordata）、硬骨鱼纲（Osteichthyes）、鲤形目（Cypriniformes）、鲤科（Cyprinidae）、尖裸鲤属（*Oxygymnocypris*）。

地位作用 尖裸鲤是我国淡水鱼类潜在养殖种，野外种群列入《国家重点保护野生动物名录》（二级）。主要用途为食用、保护。

养殖分布 尖裸鲤主要在我国西藏等地区养殖。

养殖模式 尖裸鲤的养殖水体为淡水，主要养殖模式包括水泥池养殖等。

开发利用情况 尖裸鲤为本土种，仅分布于我国西藏雅鲁藏布江中游，21世纪头十年解决了其人工苗种繁育技术。全国共普查到16个繁育主体开展该资源的活体保种和/或苗种生产。

290.苏氏圆腹鲮
(*Pangasianodon hypophthalmus*)

俗名 淡水鲨鱼、虎头鲨、巴丁鱼、八珍鱼。

（张盛 提供）

分类地位 动物界（Animalia）、脊索动物门（Chordata）、硬骨鱼纲（Osteichthyes）、鲇形目（Siluriformes）、鲮科（Pangasiidae）、无齿鲮属（*Pangasianodon*）。

地位作用 苏氏圆腹鲮是我国淡水鱼类潜在养殖种。主要用途为食用和观赏。

养殖分布 苏氏圆腹鲮主要在我国西北、华南、西南等地区养殖，包括：湖南、广东、广西、海南、四川、云南、陕西等。

养殖模式 苏氏圆腹鲮的养殖水体为人工可控的淡水水域，主要养殖模式包括池塘养殖、网箱养殖等，可单养，也可与凡纳滨对虾、鲢、鳙等混养。

开发利用情况 苏氏圆腹鲮为引进种，20世纪70年代从泰国引进，随后解决了其人工苗种繁育技术。全国共普查到1个繁育主体开展该资源的活体保种和/或苗种生产。

291.长丝𩽭（*Pangasius sanitwongsei*）

俗名　虎头鲨、食狗鲇鱼。

（陈江源　提供）

分类地位　动物界（Animalia）、脊索动物门（Chordata）、硬骨鱼纲（Osteichthyes）、鲇形目（Siluriformes）、巨鲇科(Pangasiidae)、巨鲇属(*Pangasius*)。

地位作用　长丝𩽭是我国淡水鱼类珍稀保护种，列入《国家重点保护野生动物名录》（一级）。主要用途为保护和观赏。

养殖分布　长丝𩽭主要在我国广西等地区养殖。

养殖模式　长丝𩽭的养殖水体为淡水，主要养殖模式包括池塘养殖、工厂化养殖等。

开发利用情况　长丝𩽭为本土种，主要分布在泰国、老挝、缅甸等地，我国澜沧江下游也有分布。近年解决了其人工苗种繁育技术。全国共普查到1个繁育主体开展该资源的活体保种和/或苗种生产。

292.花斑副沙鳅（*Parabotia fasciatus*）

俗名 黄鳅、黄沙鳅。

（安长廷 提供）

分类地位 动物界（Animalia）、脊索动物门（Chordata）、硬骨鱼纲（Osteichthyes）、鲤形目（Cypriniformes）、鳅科（Cobitidae）、副沙鳅属（*Parabotia*）。

地位作用 花斑副沙鳅是我国淡水鱼类潜在养殖种。主要用途为食用和观赏。

养殖分布 花斑副沙鳅主要在我国四川等地区养殖。

养殖模式 花斑副沙鳅的养殖水体为淡水，主要养殖模式包括池塘养殖等。

开发利用情况 花斑副沙鳅为本土种，已解决其人工苗种繁育技术。全国共普查到1个繁育主体开展该资源的活体保种和/或苗种生产。

293.似刺鳊鮈（*Paracanthobrama guichenoti*）

俗名 金鳍鲤、苏州棍子鱼。

（原居林 提供）

分类地位 动物界（Animalia）、脊索动物门（Chordata）、硬骨鱼纲（Osteichthyes）、鲤形目（Cypriniformes）、鲤科（Cyprinidae）、似刺鳊鮈属（*Paracanthobrama*）

地位作用 似刺鳊鮈是我国淡水鱼类潜在养殖种。主要用途为食用。

养殖分布 似刺鳊鮈主要在我国上海等地区养殖。

养殖模式 似刺鳊鮈的养殖水体为淡水，主要养殖模式包括池塘养殖等。

开发利用情况 似刺鳊鮈为本土种，21世纪头十年解决了其人工苗种繁育技术。全国共普查到1个繁育主体开展该资源的活体保种和/或苗种生产。

294. 异华鲮（*Parasinilabeo assimilis*）

俗名 线鱼、油鱼。

（陈熹贤 提供）

分类地位 动物界（Animalia）、脊索动物门（Chordata）、硬骨鱼纲（Osteichthyes）、鲤形目（Cypriniformes）、鲤科（Cyprinidae）、异华鲮属（*Parasinilabeo*）。

地位作用 异华鲮是我国淡水鱼类潜在养殖种。主要用途为食用。

养殖分布 异华鲮主要在我国华南等地区养殖，包括：广东、广西等。

养殖模式 异华鲮的养殖水体为淡水，主要养殖模式包括网箱养殖等。

开发利用情况 异华鲮为本土种，目前开发利用程度不高，鲜有关于其人工繁殖、养殖的报道。

295. 长须黄颡鱼（*Pelteobagrus eupogon*）

俗名　江西黄姑、岔尾黄颡鱼。

（安长廷　提供）

分类地位　动物界（Animalia）、脊索动物门（Chordata）、硬骨鱼纲（Osteichthyes）、鲇形目（Siluriformes）、鲿科（Bagridae）、黄颡鱼属（*Pelteobagrus*）。

地位作用　长须黄颡鱼是我国淡水鱼类潜在养殖种。主要用途为食用。

养殖分布　长须黄颡鱼主要在我国华东等地区养殖，包括：福建、江西等。

养殖模式　长须黄颡鱼的养殖水体为淡水，主要养殖模式包括池塘养殖等，可单养，也可与鲢、鳙、草鱼、鲫等混养。

开发利用情况　长须黄颡鱼为本土种，自然分布于长江干流及其附属湖泊，尤以中下游湖泊为多。已解决其人工苗种繁育技术，但因生长速度慢，开发利用程度不高。

296. 乌苏里拟鲿（*Pelteobagrus ussuriensis*）

俗名　马钩子、牛尾巴、招财鱼、乌苏里鮠、黄昂子、回鳇鱼。

（罗相忠　提供）

分类地位　动物界（Animalia）、脊索动物门（Chordata）、硬骨鱼纲（Osteichthyes）、鲇形目（Siluriformes）、鲿科（Bagridae）、黄颡鱼属（*Pelteobagrus*）。

地位作用　乌苏里拟鲿是我国淡水鱼类潜在养殖种。主要用途为食用。

养殖分布　乌苏里拟鲿主要在我国东北、华南、西南等地区养殖，包括：山西、黑龙江、浙江、湖北、广东、广西、重庆、四川、贵州等。

养殖模式　乌苏里拟鲿的养殖水体为淡水，主要养殖模式包括池塘养殖、网箱养殖等。

开发利用情况　乌苏里拟鲿为本土种，是近年来新兴的养殖种类。21世纪初解决其人工苗种繁育技术。全国共普查到14个繁育主体开展该资源的活体保种和/或苗种生产。

297.河鲈（*Perca fluviatilis*）

俗名 五道黑、赤鲈、五彩斑鱼。

（李胜杰　提供）

分类地位 动物界（Animalia）、脊索动物门（Chordata）、硬骨鱼纲（Osteichthyes）、鲈形目（Perciformes）、鲈科（Percidae）、鲈属（*Perca*）。

地位作用 河鲈是我国主养种。主要用途为食用。

养殖分布 河鲈主要在我国西北、华南、华东等地区养殖，包括：河北、山西、内蒙古、辽宁、吉林、黑龙江、浙江、安徽、福建、江西、山东、湖北、广东、广西、贵州、陕西、甘肃、宁夏、新疆、新疆生产建设兵团等。

养殖模式 河鲈的养殖水体为淡水，主要养殖模式包括池塘养殖、工厂化养殖等。

开发利用情况 河鲈为本土种，我国仅新疆北部额尔齐斯河流域和乌龙古河流域有自然分布。21世纪初解决了其人工苗种繁育技术。全国共普查到18个繁育主体开展该资源的活体保种和/或苗种生产。

298.葛氏鲈塘鳢（*Perccottus glenii*）

俗名 老头鱼、沙姑鲈子、还阳鱼、山胖头、郎当裤。

（李雷 提供）

分类地位 动物界（Animalia）、脊索动物门（Chordata）、硬骨鱼纲（Osteichthyes）、鲈形目（Perciformes）、沙塘鳢科（Odontobutidae）、鲈塘鳢属（*Perccottus*）。

地位作用 葛氏鲈塘鳢是我国东北地区特色养殖种。主要用途为食用。

养殖分布 葛氏鲈塘鳢主要在我国东北、华北等地区养殖，包括：河北、吉林、黑龙江等。

养殖模式 葛氏鲈塘鳢的养殖水体为淡水，主要养殖模式包括池塘养殖等，主养鲢、鳙且小型野杂鱼较多的池塘可套养葛氏鲈塘鳢。

开发利用情况 葛氏鲈塘鳢为本土种，是新兴的养殖种类。目前有关葛氏鲈塘鳢的研究还较少。

299. 金沙鲈鲤 (*Percocypris pingi*)

俗名　金甲鱼、花鱼、大花鱼、黄鱼、花鲈鲤。

（王晓爱　提供）

分类地位　动物界（Animalia）、脊索动物门（Chordata）、硬骨鱼纲（Osteichthyes）、鲤形目（Cypriniformes）、鲤科（Cyprinidae）、鲈鲤属（*Percocypris*）。

地位作用　金沙鲈鲤是我国淡水鱼类潜在养殖种，野外种群已列入《国家重点保护野生动物名录》（二级）。主要用途为食用、观赏、保护。

养殖分布　金沙鲈鲤主要在我国西南等地区养殖，包括：重庆、四川、贵州、云南等。

养殖模式　金沙鲈鲤的养殖水体为淡水，主要养殖模式包括池塘养殖、网箱养殖等。

开发利用情况　金沙鲈鲤为本土种，是一种新开发的种质资源，近年来开展了驯化、人工繁殖等方面的研究，但尚未完全解决其苗种规模化繁育技术。全国共普查到29个繁育主体开展该资源的活体保种和/或苗种生产。

300.花鲈鲤（*Percocypris regani*）

俗名　花鱼。

（庄平　提供）

分类地位　动物界（Animalia）、脊索动物门（Chordata）、硬骨鱼纲（Osteichthyes）、鲤形目（Cypriniformes）、鲤科（Cyprinidae）、鲈鲤属（*Percocypris*）。

地位作用　花鲈鲤是我国淡水鱼类潜在养殖种，野外种群已列入《国家重点保护野生动物名录》（二级）。主要用途为食用、保护。

养殖分布　花鲈鲤主要在我国云南等地区养殖。

养殖模式　花鲈鲤的养殖水体为淡水，主要养殖模式包括池塘养殖等。

开发利用情况　花鲈鲤为本土种，是一种待开发的养殖种质资源，目前人工驯化和人工繁殖取得初步成功，但仍未完全解决规模化苗种繁育技术。全国共普查到1个繁育主体开展该资源的活体保种和/或苗种生产。

301.后背鲈鲤（*Percocypris tchangi*）

俗名 无。

（王晓爱 提供）

分类地位 动物界（Animalia）、脊索动物门（Chordata）、硬骨鱼纲（Osteichthyes）、鲤形目（Cypriniformes）、鲤科（Cyprinidae）、鲈鲤属（*Percocypris*）。

地位作用 后背鲈鲤是我国淡水鱼类潜在养殖种，野外种群已列入《国家重点保护野生动物名录》（二级）。主要用途为食用、保护。

养殖分布 后背鲈鲤主要在我国西南等地区养殖，包括：重庆、四川、云南等。

养殖模式 后背鲈鲤的养殖水体为淡水，主要养殖模式包括池塘养殖等。

开发利用情况 后背鲈鲤为本土种，是近年来新兴的养殖种类，已解决其人工苗种繁育技术。全国共普查到7个繁育主体开展该资源的活体保种和/或苗种生产。

302. 滨河亮背鲇（*Phalacronotus bleekeri*）

俗名 无。

（雷春云 提供）

分类地位 动物界（Animalia）、脊索动物门（Chordata）、硬骨鱼纲（Osteichthyes）、鲇形目（Siluriformes）、鲇科（Siluridae）、亮背鲇属（*Phalacronotus*）。

地位作用 滨河亮背鲇是我国淡水鱼类观赏种。主要用途为观赏。

养殖分布 滨河亮背鲇主要在我国云南等地区养殖。

养殖模式 滨河亮背鲇的养殖水体为淡水，主要养殖模式包括池塘养殖等。

开发利用情况 滨河亮背鲇为本土种，是一种待开发利用的种类，尚未解决其人工苗种繁育技术。

303. 真鱥（*Phoxinus phoxinus*）

俗名 细鳞鲑鱼、柳鱼、柳根子。

（马立鸣　提供）

  分类地位 动物界（Animalia）、脊索动物门（Chordata）、硬骨鱼纲（Osteichthyes）、鲤形目（Cypriniformes）、鲤科（Cyprinidae）、鱥属（*Phoxinus*）。

  地位作用 真鱥是我国淡水鱼类潜在养殖种。主要用途为食用、观赏。

  养殖分布 真鱥主要在我国华北、华东等地区养殖，包括：北京、安徽等。

  养殖模式 真鱥的养殖水体为淡水，主要养殖模式包括池塘养殖等。

  开发利用情况 真鱥为本土种，是近年来开发的养殖种质资源，人工繁殖和养殖还较少。

304.短盖巨脂鲤（*Piaractus brachypomus*）

俗名 淡水白鲳、淡水鲳。

（牟希东　提供）

分类地位　动物界（Animalia）、脊索动物门（Chordata）、硬骨鱼纲（Osteichthyes）、脂鲤目（Characiformes）、锯脂鲤科（Serrasalmidae）、肥脂鲤属（*Piaractus*）。

地位作用　短盖巨脂鲤是我国淡水鱼类观赏种。主要用途为食用和观赏。

养殖分布　短盖巨脂鲤主要在我国华南、华北、华东、华中等地区养殖，包括：广东、广西、江西、福建、山东、安徽、云南、海南、河南、江苏、重庆、浙江、陕西、河北、湖南等。

养殖模式　短盖巨脂鲤的养殖水体为人工可控的淡水水域，主要养殖模式为池塘养殖，包括池塘主养、鱼种池套养、成鱼混养等。

开发利用情况　短盖巨脂鲤为引进种，自然分布于南美洲亚马孙河等地，1982年引入中国，1987年7月解决了其人工苗种繁育技术。全国共普查到9个繁育主体开展该资源的活体保种和/或苗种生产。

305.细鳞斜颌鲴（*Plagiognathops microlepis*）

俗名　黄皮、黄板鱼、黄条、黄尾巴、黄加肖、黄片、沙姑子。

（沙航　提供）

分类地位　动物界（Animalia）、脊索动物门（Chordata）、硬骨鱼纲（Osteichthyes）、鲤形目（Cypriniformes）、鲴科（Xenocyprididae）、斜颌鲴属（*Plagiognathops*）。

地位作用　细鳞斜颌鲴是我国淡水鱼类潜在养殖种。主要用途为食用。

养殖分布　细鳞斜颌鲴主要在我国华中、华北、东北、华东等地区养殖，包括：天津、辽宁、吉林、黑龙江、上海、江苏、浙江、安徽、江西、山东、湖北、湖南、四川等。

养殖模式　细鳞斜颌鲴的养殖水体为淡水。主要养殖模式包括池塘养殖、大水面增养殖等。

开发利用情况　细鳞斜颌鲴为本土种，20世纪70年代解决了其人工苗种繁育技术。全国共普查到27个繁育主体开展该资源的活体保种和/或苗种生产。

306.极边扁咽齿鱼（*Platypharodon extremus*）

俗名 小嘴巴鱼、鳇鱼、草地鱼。

（吕彬彬 提供）

分类地位 动物界（Animalia）、脊索动物门（Chordata）、硬骨鱼纲（Osteichthyes）、鲤形目（Cypriniformes）、鲤科（Cyprinidae）、扁咽齿鱼属（*Platypharodon*）。

地位作用 极边扁咽齿鱼是我国淡水鱼类潜在养殖种，野外种群已列入《国家重点保护野生动物名录》（二级）。主要用途为食用、保护。

养殖分布 极边扁咽齿鱼主要在我国甘肃等地区养殖。

养殖模式 极边扁咽齿鱼的养殖水体为淡水，主要养殖模式包括池塘养殖等。

开发利用情况 极边扁咽齿鱼为本土种。21世纪初解决了其人工苗种繁育技术。全国共普查到3个繁育主体开展该资源的活体保种和/或苗种生产。

307.匙吻鲟（*Polyodon spathula*）

俗名 匙吻白鲟、鸭嘴鲟。

（马立鸣　提供）

分类地位 动物界（Animalia）、脊索动物门（Chordata）、硬骨鱼纲（Osteichthyes）、鲟形目（Acipenseriformes）、匙吻鲟科（Polyodontidae）、匙吻鲟属（*Polyodon*）。

地位作用 匙吻鲟是我国淡水鱼类主养种，列入《濒危野生动植物种国际贸易公约》（附录Ⅱ）。主要用途为食用、保护。

养殖分布 匙吻鲟主要在我国华中、西南、华东、华南、西北等地区养殖，包括：天津、河北、山西、内蒙古、辽宁、吉林、黑龙江、江苏、浙江、安徽、福建、江西、山东、河南、湖北、湖南、广东、广西、重庆、四川、贵州、云南、陕西、甘肃等。

养殖模式 匙吻鲟的养殖水体为人工可控的淡水水域，主要养殖模式包括池塘养殖、工厂化养殖、网箱养殖等，以混养为主。

开发利用情况 匙吻鲟为引进种，自然分布于北美洲密西西比河流域，于20世纪90年代引入我国。21世纪初解决了其人工苗种繁育技术。全国共普查到32个繁育主体开展该资源的活体保种和/或苗种生产。

308.黑斑刺盖太阳鱼（*Pomoxis nigromaculatus*）

俗名 黑莓鲈、日鲈、银斑鱼、斑点鲈、银盾鱼等。

（袁宗伟 提供）

分类地位 动物界（Animalia）、脊索动物门（Chordata）、硬骨鱼纲（Osteichthyes）、鲈形目（Perciformes）、棘臀鱼科（Centrarchidae）、刺盖太阳鱼属（*Pomoxis*）。

地位作用 黑斑刺盖太阳鱼是我国淡水鱼类潜在养殖种。主要用途为观赏、食用。

养殖分布 黑斑刺盖太阳鱼主要在我国华东、华南等地区养殖，包括：江苏、浙江、福建、广西、云南等。

养殖模式 黑斑刺盖太阳鱼的养殖水体为人工可控的淡水水域，主要养殖模式为池塘养殖，单养或套养。

开发利用情况 黑斑刺盖太阳鱼为引进种，自然分布于北美洲东部，包括：美国、加拿大南部至墨西哥湾，20世纪90年代引入我国。黑斑刺盖太阳鱼能适应我国各类水域环境，并能够自然繁殖，目前已解决其人工苗种繁育技术。全国共普查到2个繁育主体开展该资源的活体保种和/或苗种生产。

309.抚仙吻孔鲃（*Poropuntius fuxianhuensis*）

俗名 海心马鱼、抚仙刺鲃、抚仙四须鲃。

（潘晓赋 提供）

分类地位 动物界（Animalia）、脊索动物门（Chordata）、硬骨鱼纲（Osteichthyes）、鲤形目（Cypriniformes）、鲤科（Cyprinidae）、吻孔鲃属（*Poropuntius*）。

地位作用 抚仙吻孔鲃是云南地区特色养殖种。主要用途为食用。

养殖分布 抚仙吻孔鲃主要在我国云南等地区养殖。

养殖模式 抚仙吻孔鲃的养殖水体为淡水，主要养殖模式包括大水面增养殖、池塘养殖等，以池塘主养和套养为主。

开发利用情况 抚仙吻孔鲃为本土种，是抚仙湖特有鱼类。21世纪头十年解决了其人工苗种繁育技术，尚未形成规模化养殖。全国共普查到3个繁育主体开展该资源的活体保种和/或苗种生产。

310. 云南吻孔鲃（*Poropuntius huangchuchieni*）

俗名　云南四须鲃、河口光唇鱼。

（秦涛　提供）

分类地位　动物界（Animalia）、脊索动物门（Chordata）、硬骨鱼纲（Osteichthyes）、鲤形目（Cypriniformes）、鲤科（Cyprinidae）、吻孔鲃属（*Poropuntius*）。

地位作用　云南吻孔鲃是我国淡水鱼类潜在养殖种。主要用途为食用。

养殖分布　云南吻孔鲃主要在我国云南等地区养殖。

养殖模式　云南吻孔鲃的养殖水体为淡水，主要养殖模式为池塘养殖。

开发利用情况　云南吻孔鲃为本土种，仅自然分布于云南省澜沧江中下游、元江、藤条江、李仙江。近年解决了其人工苗种繁育技术，养殖规模较小，尚未形成规模化养殖。全国共普查到2个繁育主体开展该资源的活体保种和/或苗种生产。

311. 珍珠魟（*Potamotrygon motoro*）

俗名 亚马逊魟、三色魟、魔鬼鱼、草帽鱼等。

（陈江源 提供）

分类地位 动物界（Animalia）、脊索动物门（Chordata）、软骨鱼纲（Chondrichthyes）、鲼形目（Myliobatiformes）、江魟科（Potamotrygonidae）、江魟属（*Potamotrygon*）。

地位作用 珍珠魟是我国淡水鱼类观赏种。主要用途为观赏。

养殖分布 珍珠魟主要在我国华南、华北、华中等地区养殖，包括：河北、浙江、湖南、广东、甘肃等。

养殖模式 珍珠魟的养殖水体为人工可控的淡水水域，主要养殖模式包括室内工厂化循环水养殖、水族馆养殖等，可单养或与中上层鱼类混养。

开发利用情况 珍珠魟为引进种，自然分布于南美洲奥里诺科河和亚马孙河流域，目前已解决其人工苗种繁育技术。全国共普查到4个繁育主体开展该资源的活体保种和/或苗种生产。

312. 乌原鲤（*Procypris mera*）

俗名 乌鲤、墨鲤、乌鲫、乌钩、黑鲤。

（施军 提供）

    分类地位 动物界（Animalia）、脊索动物门（Chordata）、硬骨鱼纲（Osteichthyes）、鲤形目（Cypriniformes）、鲤科（Cyprinidae）、原鲤属（*Procypris*）。

    地位作用 乌原鲤是我国淡水鱼类珍稀保护种，列入《国家重点保护野生动物名录》（二级）。主要用途为保护。

    养殖分布 乌原鲤主要在我国华南、华中、西南等地区养殖，包括：湖南、广东、广西、重庆、四川、贵州等。

    养殖模式 乌原鲤的养殖水体为淡水，主要养殖模式为池塘单养。

    开发利用情况 乌原鲤为本土种，是我国21世纪开发的养殖种，近几年解决了其人工苗种繁育技术。全国共普查到7个繁育主体开展该资源的活体保种和/或苗种生产。

313. 岩原鲤（*Procypris rabaudi*）

俗名 岩鲤、黑鲤、墨鲤。

（曾圣 提供）

分类地位 动物界（Animalia）、脊索动物门（Chordata）、硬骨鱼纲（Osteichthyes）、鲤形目（Cypriniformes）、鲤科（Cyprinidae）、原鲤属（*Procypris*）。

地位作用 岩原鲤是我国淡水鱼类区域养殖种，野外种群列入《国家重点保护野生动物名录》（二级）。主要用途为食用、保护。

养殖分布 岩原鲤主要在我国华中、西南等地区养殖，包括：江西、湖北、广东、重庆、四川、贵州、云南、甘肃等。

养殖模式 岩原鲤的养殖水体为淡水，主要养殖模式为池塘单养。

开发利用情况 岩原鲤为本土种，是我国21世纪开发的养殖种，21世纪头十年解决了其人工苗种繁育技术。全国共普查到32个繁育主体开展该资源的活体保种和/或苗种生产。

314.大银鱼（*Protosalanx chinensis*）

俗名 黄瓜鱼、面条鱼。

（姜盟 提供）

  分类地位 动物界（Animalia）、脊索动物门（Chordata）、硬骨鱼纲（Osteichthyes）、胡瓜鱼目（Osmeriformes）、银鱼科（Salangidae）、大银鱼属（*Protosalanx*）。

  地位作用 大银鱼是我国淡水鱼类潜在养殖种。主要用途为食用。

  养殖分布 大银鱼主要在我国东北、华北、华东等地区养殖，包括：山西、内蒙古、辽宁、吉林、黑龙江、江苏、山东、河南、湖北、湖南、陕西、新疆等。

  养殖模式 大银鱼的养殖水体为淡水，主要养殖模式包括大水面增养殖、池塘养殖等，池塘养殖中可搭配小型鱼虾混养。

  开发利用情况 大银鱼自然分布于我国黄海、渤海、东海沿岸河口及与之相通的河流中下游和湖泊中。1985年向内蒙古岱海移植大银鱼首获成功，随后其被移植到我国内陆的广大地区，以捕捞为主，尚未解决其人工苗种繁育技术。全国共普查到6个繁育主体开展该资源的活体保种和/或苗种生产。

315.勃氏雅罗鱼（*Pseudaspius brandtii*）

俗名 三块鱼、滩头鱼、大红线、高丽细鳞。

（梁利群　提供）

分类地位 动物界(Animalia)、脊索动物门(Chordata)、硬骨鱼纲(Osteichthyes)、鲤形目(Cypriniformes)、鲤科(Cyprinidae)、拟赤梢鱼属（*Pseudaspius*）。

地位作用 勃氏雅罗鱼是我国淡水鱼类潜在养殖种。主要用途为食用。

养殖分布 勃氏雅罗鱼主要在我国东北、华中、华北等地区养殖，包括：北京、辽宁、吉林、黑龙江、湖南等。

养殖模式 勃氏雅罗鱼的养殖水体为淡水和半咸水，主要养殖模式包括大水面增养殖、池塘养殖等。

开发利用情况 勃氏雅罗鱼为本土种，主要分布于图们江及绥芬河下游纯淡水和河口的半咸水水域中。21世纪初解决了其人工苗种繁育技术。全国共普查到2个繁育主体开展该资源的活体保种和/或苗种生产。

316. 拟赤梢鱼（*Pseudaspius leptocephalus*）

俗名 红尾巴梢、尖嘴。

（李雷 提供）

分类地位 动物界(Animalia)、脊索动物门(Chordata)、硬骨鱼纲 (Osteichthyes)、鲤形目(Cypriniformes)、鲤科(Cyprinidae)、拟赤梢鱼属(*Pseudaspius*)。

地位作用 拟赤梢鱼是我国淡水鱼类潜在养殖种。主要用途为食用。

养殖分布 拟赤梢鱼主要在我国华中、东北等地区养殖，包括：黑龙江、湖北、湖南等。

养殖模式 拟赤梢鱼的养殖水体为淡水，主要养殖模式包括大水面增养殖等。

开发利用情况 拟赤梢鱼为本土种，主要分布于黑龙江的干、支流及其附属湖泊。近年来解决了其人工苗种繁育技术。全国共普查到2个繁育主体开展该资源的活体保种和/或苗种生产。

317.中臀拟鲿（*Pseudobagrus medianalis*）

俗名 中臀鮠、湾丝。

（陈小勇　提供）

分类地位 动物界(Animalia)、脊索动物门(Chordata)、硬骨鱼纲(Osteichthyes)、鲇形目(Siluriformes)、鲿科(Bagridae)、拟鲿属(*Pseudobagrus*)。

地位作用 中臀拟鲿是我国淡水鱼类潜在养殖种。主要用途为食用。

养殖分布 中臀拟鲿主要在我国云南等地区养殖。

养殖模式 中臀拟鲿的养殖水体为淡水，主要养殖模式包括大水面增养殖等。

开发利用情况 中臀拟鲿为本土种，主要分布于云南滇池以及金沙江南侧支流普渡河水系。全国共普查到1个繁育主体开展该资源的活体保种和/或苗种生产。

318.盎堂拟鲿（*Pseudobagrus ondon*）

俗名 盎堂鱼。

林永晟 提供

分类地位 动物界(Animalia)、脊索动物门(Chordata)、硬骨鱼纲 (Osteichthyes)、鲇形目(Siluriformes)、鲿科(Bagridae)、拟鲿属(*Pseudobagrus*)。

地位作用 盎堂拟鲿是我国淡水鱼类潜在养殖种。主要用途为食用。

养殖分布 盎堂拟鲿主要在我国浙江等地区养殖。

养殖模式 盎堂拟鲿的养殖水体为淡水，主要养殖模式包括池塘养殖、水族箱养殖等。

开发利用情况 盎堂拟鲿为本土种，分布于长江中上游金沙江干支流水域，为金沙江特有鱼类。

319.似鳊（*Pseudobrama simoni*）

俗名 逆鱼、刺鳊、扁脖子、鳊鲴刁。

(耶宁 提供)

分类地位 动物界（Animalia）、脊索动物门（Chordata）、硬骨鱼纲（Osteichthyes）、鲤形目（Cypriniformes）、鲤科（Cyprinidae）、似鳊属（*Pseudobrama*）。

地位作用 似鳊是我国淡水鱼类潜在养殖种。主要用途为食用。

养殖分布 似鳊主要在我国上海等地区养殖。

养殖模式 似鳊的养殖水体为淡水，主要养殖模式包括大水面增养殖等。

开发利用情况 似鳊为本土种，分布于长江、黄河及海河等水系的干支流及附属湖泊。近年来解决了其人工苗种繁育技术。全国共普查到2个繁育主体开展该资源的活体保种和/或苗种生产。

320. 三齿华缨鱼（*Pseudocrossocheilus tridentis*）

俗名 无。

（陈浩骏　提供）

　　分类地位　动物界（Animalia）、脊索动物门（Chordata）、硬骨鱼纲（Osteichthyes）、鲤形目（Cypriniformes）、鲤科（Cyprinidae）、拟缨鱼属（*Pseudocrossocheilus*）。

　　地位作用　三齿华缨鱼是我国淡水鱼类潜在养殖种。主要用途为食用、观赏。

　　养殖分布　三齿华缨鱼主要在我国云南等地区养殖。

　　养殖模式　三齿华缨鱼的养殖水体为淡水，主要养殖模式包括大水面增养殖、水族箱养殖等。

　　开发利用情况　三齿华缨鱼为本土种，分布于云南宜良竹山南盘江及其支流。

321.泉水鱼（*Pseudogyrincheilus prochilus*）

俗名 油鱼。

（曾圣 提供）

分类地位 动物界（Animalia）、脊索动物门（Chordata）、硬骨鱼纲（Osteichthyes）、鲤形目（Cypriniformes）、鲤科（Cyprinidae）、泉水鱼属（*Pseudogyrincheilus*）。

地位作用 泉水鱼是我国淡水鱼类潜在养殖种。主要用途为食用。

养殖分布 泉水鱼主要在我国重庆等地区养殖。

养殖模式 泉水鱼的养殖水体为淡水，主要养殖模式为池塘单养。

开发利用情况 泉水鱼为本土种，是我国2000年后开发的养殖种，近几年解决了其人工苗种繁育技术。全国共普查到1个繁育主体开展该资源的活体保种和/或苗种生产。

322. 麦穗鱼（*Pseudorasbora parva*）

俗名 草生子、混姑郎、肉柱鱼、饭俩子、柳条鱼。

（曾圣 提供）

分类地位 动物界（Animalia）、脊索动物门（Chordata）、硬骨鱼纲（Osteichthyes）、鲤形目（Cypriniformes）、鲤科（Cyprinidae）、麦穗鱼属（*Pseudorasbora*）。

地位作用 麦穗鱼是我国淡水鱼类潜在养殖种。主要用途为食用。

养殖分布 麦穗鱼主要在我国华南、东北、华中等地区养殖，包括：辽宁、吉林、黑龙江、浙江、安徽、河南、湖北、湖南、广东、广西、贵州、云南等。

养殖模式 麦穗鱼的养殖水体为淡水，主要养殖模式为池塘养殖，主要与一些非肉食性鱼类混养。

开发利用情况 麦穗鱼为本土种，是我国21世纪开始开发的养殖种，21世纪头十年解决了其人工苗种繁育技术。全国共普查到4个繁育主体开展该资源的活体保种和/或苗种生产。

323. 卷口鱼（*Ptychidio jordani*）

俗名 嘉鱼、老鼠鱼、鼠头鱼。

(曾圣 提供)

分类地位 动物界（Animalia）、脊索动物门（Chordata）、硬骨鱼纲（Osteichthyes）、鲤形目（Cypriniformes）、鲤科（Cyprinidae）、卷口鱼属（*Ptychidio*）。

地位作用 卷口鱼是我国淡水鱼类潜在养殖种。主要用途为食用。

养殖分布 卷口鱼主要在我国华南等地区养殖，包括：广东、广西等。

养殖模式 卷口鱼的养殖水体为淡水，主要养殖模式为池塘养殖，主要为单养。

开发利用情况 卷口鱼为本土种，是我国2000年后开发的养殖种，近几年解决了其人工苗种繁育技术，但养殖规模还比较小。全国共普查到2个繁育主体开展该资源的活体保种和/或苗种生产。

324. 鲃鲤（*Puntioplites proctozystron*）

俗名 无。

（王敏奇 提供）

分类地位 动物界(Animalia)、脊索动物门(Chordata)、硬骨鱼纲(Osteichthyes)、鲤形目(Cypriniformes)、鲤科(Cyprinidae)、鲃鲤属（*Puntioplites*）。

地位作用 鲃鲤是我国淡水鱼类潜在养殖种。主要用途为食用。

养殖分布 鲃鲤主要在我国云南等地区养殖。

养殖模式 鲃鲤的养殖水体为淡水，主要养殖模式包括大水面增养殖等。

开发利用情况 鲃鲤为本土种，主要分布于泰国、老挝、柬埔寨、越南等地以及我国云南西双版纳的澜沧江干流及其支流小黑江等。全国共普查到1个繁育主体开展该资源的活体保种和/或苗种生产。

325. 长鳍吻鮈（*Rhinogobio ventralis*）

俗名 耗子鱼。

（邱宁 提供）

分类地位 动物界（Animalia）、脊索动物门（Chordata）、硬骨鱼纲（Osteichthyes）、鲤形目（Cypriniformes）、鲤科(Cyprinidae)、吻鮈属（*Rhinogobio*）。

地位作用 长鳍吻鮈是我国淡水鱼类珍稀保护种，列入《国家重点保护野生动物名录》（二级）。主要用途为保护。

养殖分布 长鳍吻鮈主要在我国华中、西南等地区养殖，包括：湖北、四川等。

养殖模式 长鳍吻鮈的养殖水体为淡水，主要养殖模式为大水面增养殖。

开发利用情况 长鳍吻鮈为本土种，分布于长江中上游金沙江干支流水域，为金沙江特有鱼类。21世纪头十年解决了其人工苗种繁育技术。全国共普查到2个繁育主体开展该资源的活体保种和/或苗种生产。

326. 波氏吻虾虎鱼
（*Rhinogobius cliffordpopei*）

俗名 无。

（王钦 提供）

分类地位 动物界（Animalia）、脊索动物门（Chordata）、硬骨鱼纲（Osteichthyes）、虾虎鱼目（Gobiiformes）、虾虎鱼科（Gobiidae）、吻虾虎鱼属（*Rhinogobius*）。

地位作用 波氏吻虾虎鱼是我国淡水鱼类潜在养殖种。主要用途为食用。

养殖分布 波氏吻虾虎鱼主要在我国广东等地区养殖。

养殖模式 波氏吻虾虎鱼的养殖水体为淡水，主要养殖模式包括大水面增养殖、水族箱养殖等。

开发利用情况 波氏吻虾虎鱼为本土种，分布于我国各大水系，北方为主。21世纪头十年解决了其人工苗种繁育技术。

327. 子陵吻虾虎鱼（*Rhinogobius giurinus*）

俗名 栉虾虎、朝天眼、吻虾虎鱼、极乐吻虾虎。

（曾圣 提供）

分类地位 动物界（Animalia）、脊索动物门（Chordata）、硬骨鱼纲（Osteichthyes）、鲈形目（Perciformes）、虾虎鱼科（Gobiidae）、吻虾虎鱼属（*Rhinogobius*）。

地位作用 子陵吻虾虎鱼是我国淡水鱼类潜在养殖种，以野生捕捞为主。主要用途为食用和观赏。

养殖分布 子陵吻虾虎鱼主要在我国广东等地区养殖。

养殖模式 子陵吻虾虎鱼的养殖水体为淡水，主要养殖模式包括池塘养殖、水族箱养殖等，主要为单养。

开发利用情况 子陵吻虾虎鱼为本土种，自然分布于长白山区的松花江、鸭绿江、图们江等水域。21世纪以来，开展了其繁育特性、胚胎及仔鱼发育研究，尚未解决人工苗种繁育技术。

328.彩石鳑鲏（*Rhodeus lighti*）

俗名 彩石鱼、彩石鲋、菜板鱼、鳑鲏、中华鳑鲏（别名）。

（陈熹贤　提供）

分类地位 动物界（Animalia）、脊索动物门（Chordata）、硬骨鱼纲（Osteichthyes）、鲤形目（Cypriniformes）、鲤科（Cyprinidae）、鳑鲏属（*Rhodeus*）。

地位作用 彩石鳑鲏是我国淡水鱼类潜在养殖种。主要用途为观赏和饵料用。

养殖分布 彩石鳑鲏主要在我国东北、西南等地区养殖，包括：黑龙江、四川等。

养殖模式 彩石鳑鲏的养殖水体为淡水，主要养殖模式包括池塘养殖、水族缸养殖等。

开发利用情况 彩石鳑鲏为本土种，为中国特有鱼类，自然分布于福建、广东直至黑龙江流域等。21世纪头十年解决了其人工苗种繁育技术。

329. 拉氏大吻鱥（*Rhynchocypris lagowskii*）

俗名 拉氏鱥、洛氏鱥、柳根子、土鱼、木叶鱼、柳根垂等。

分类地位 动物界（Animalia）、脊索动物门（Chordata）、硬骨鱼纲（Osteichthyes）、鲤形目（Cypriniformes）、鲤科（Cyprinidae）、鱥属（*Rhynchocypris*）。

地位作用 拉氏大吻鱥是我国淡水鱼类潜在养殖种。主要用途为食用。

养殖分布 拉氏大吻鱥主要在我国东北、华北等地区养殖，包括：天津、内蒙古、辽宁、吉林、黑龙江、浙江、安徽、福建、山东、湖北、重庆、四川等。

养殖模式 拉氏大吻鱥的养殖水体为淡水，主要养殖模式为池塘养殖。

开发利用情况 拉氏大吻鱥为本土种，是近年来我国北方地区新兴的养殖种类，21世纪头十年解决了其人工苗种繁育技术。全国共普查到22个繁育主体开展该资源的活体保种和/或苗种生产。

330.尖头大吻鲅（*Rhynchocypris oxycephala*）

俗名 尖头鲅、木叶鱼、柳根子等。

（原居林 提供）

分类地位 动物界（Animalia）、脊索动物门（Chordata）、硬骨鱼纲（Osteichthyes）、鲤形目（Cypriniformes）、鲤科（Cyprinidae）、鲅属（*Rhynchocypris*）。

地位作用 尖头大吻鲅是我国淡水鱼类潜在养殖种。主要用途为食用和观赏。

养殖分布 尖头大吻鲅主要在我国华东、华中、西南等地区养殖，包括：浙江、湖南、四川等。

养殖模式 尖头大吻鲅的养殖水体为淡水，主要养殖模式为池塘养殖。

开发利用情况 尖头大吻鲅为本土种，近几年解决了其人工苗种繁育技术。

331. 湖鲅（*Rhynchocypris percnura*）

俗名 无。

（霍堂斌　提供）

　　分类地位　动物界（Animalia）、脊索动物门（Chordata）、硬骨鱼纲（Osteichthyes）、鲤形目（Cypriniformes）、鲤科（Cyprinidae）、鲅属（*Rhynchocypris*）。

　　地位作用　湖鲅是黑龙江和图们江水系特色养殖种。主要用途为食用和饵料用。

　　养殖分布　湖鲅主要在我国东北、西北等地区养殖，包括：黑龙江、甘肃等。

　　养殖模式　湖鲅的养殖水体为淡水，主要养殖模式为池塘养殖。

　　开发利用情况　湖鲅为本土种，在中国仅见于黑龙江和图们江水系。未有其人工苗种繁育技术相关报道。全国共普查到5个繁育主体开展该资源的活体保种和/或苗种生产。

332. 湖拟鲤（*Rutilus rutilus*）

俗名 小白鱼。

（郝翠兰 提供）

分类地位 动物界（Animalia）、脊索动物门（Chordata）、硬骨鱼纲（Osteichthyes）、鲤形目（Cypriniformes）、鲤科（Cyprinidae）、拟鲤属（*Rutilus*）。

地位作用 湖拟鲤是我国新疆等地特色养殖种。主要用途为食用。

养殖分布 湖拟鲤主要在我国新疆等地区养殖。

养殖模式 湖拟鲤的养殖水体为淡水，主要养殖模式为池塘养殖。

开发利用情况 湖拟鲤为本土种，在我国自然分布于新疆额尔齐斯河和博斯腾湖，是淡水生态系统中水质检测的指示物种之一。尚未解决其人工苗种繁育技术。

333. 白斑红点鲑（*Salvelinus leucomaenis*）

俗名 远东红点鲑。

（孙鹏 提供）

分类地位 动物界（Animalia）、脊索动物门（Chordata）、硬骨鱼纲（Osteichthyes）、鲑形目（Salmoniformes）、鲑科（Salmonidae）、红点鲑属（*Salvelinus*）。

地位作用 白斑红点鲑是我国东北地区特色养殖种。主要用途为食用。

养殖分布 白斑红点鲑主要在我国东北等地区养殖，包括：辽宁、吉林、黑龙江等。

养殖模式 白斑红点鲑的养殖水体为淡水，主要养殖模式为池塘养殖。

开发利用情况 白斑红点鲑为本土种，21世纪初解决了其人工苗种繁育技术。全国共普查到4个繁育主体开展该资源的活体保种和/或苗种生产。

334. 花羔红点鲑（*Salvelinus malma*）

俗名 花里羔子。

（张永泉　提供）

分类地位 动物界（Animalia）、脊索动物门（Chordata）、硬骨鱼纲（Osteichthyes）、鲑形目（Salmoniformes）、鲑科（Salmonidae）、红点鲑属（*Salvelinus*）。

地位作用 花羔红点鲑是我国淡水鱼类区域养殖种，野外种群列入《国家重点保护野生动物名录》（二级）。主要用途为食用、保护。

养殖分布 花羔红点鲑主要在我国华东、东北、西南等地区养殖，包括：内蒙古、吉林、黑龙江、浙江、江西、四川等。

养殖模式 花羔红点鲑的养殖水体为淡水，主要养殖模式为池塘养殖。

开发利用情况 花羔红点鲑为本土种，21世纪头十年解决了其人工苗种繁育技术。全国共普查到9个繁育主体开展该资源的活体保种和/或苗种生产。

335.梭鲈（*Sander lucioperca*）

俗名 小狗鱼、牙鱼、白梭吻鲈、十道黑等。

（潘国强　提供）

分类地位 动物界（Animalia）、脊索动物门（Chordata）、硬骨鱼纲（Osteichthyes）、鲈形目（Perciformes）、鲈科（Percidae）、梭鲈属（*Sander*）。

地位作用 梭鲈是我国新疆等地特色养殖种。主要用途为食用。

养殖分布 梭鲈主要在我国西北、华南、西南等地区养殖，包括：天津、山西、黑龙江、山东、河南、湖北、湖南、广东、四川、贵州、宁夏、新疆、新疆生产建设兵团等。

养殖模式 梭鲈的养殖水体为淡水，主要养殖模式包括池塘单养和微流水池单养。

开发利用情况 梭鲈为本土种，在我国分布于伊犁河-巴尔喀什湖水系及额尔齐斯河水系，21世纪初解决了其人工苗种繁育技术。全国共普查到9个繁育主体开展该资源的活体保种和/或苗种生产。

336. 华鳈（*Sarcocheilichthys sinensis*）

俗名 花石鲫、黄棕鱼、山鲤子等。

（储沭江 提供）

分类地位 动物界（Animalia）、脊索动物门（Chordata）、硬骨鱼纲（Osteichthyes）、鲤形目（Cypriniformes）、鲤科（Cyprinidae）、鳈属（*Sarcocheilichthys*）。

地位作用 华鳈是我国淡水鱼类潜在养殖种。主要用途为食用和观赏。

养殖分布 华鳈主要在我国上海等地区养殖。

养殖模式 华鳈的养殖水体为淡水。主要养殖模式包括池塘养殖、微流水养殖、循环水养殖等。

开发利用情况 华鳈为本土种，20世纪90年代解决了其人工苗种繁育技术。全国共普查到1个繁育主体开展该资源的活体保种和/或苗种生产。

337.蛇鮈（*Saurogobio dabryi*）

俗名 船钉子、白杨鱼、打船钉、棺材钉、沙锥等。

（安长廷 提供）

分类地位 动物界（Animalia）、脊索动物门（Chordata）、硬骨鱼纲（Osteichthyes）、鲤形目（Cypriniformes）、鲤科（Cyprinidae）、蛇鮈属（*Saurogobio*）。

地位作用 蛇鮈是我国淡水鱼类潜在养殖种。主要用途为食用。

养殖分布 蛇鮈主要在我国东北等地区养殖，包括：吉林、黑龙江等。

养殖模式 蛇鮈的养殖水体为淡水，主要养殖模式包括池塘单养、微流水单养、循环水养殖等。

开发利用情况 蛇鮈为本土种，21世纪头十年解决了其人工苗种繁育技术。全国共普查到1个繁育主体开展该资源的活体保种和/或苗种生产。

338.横纹南鳅（*Schistura fasciolata*）

俗名 花带条鳅、花纹条鳅、横纹条鳅等。

（中国科学院昆明动物研究所 提供）

分类地位 动物界（Animalia）、脊索动物门（Chordata）、硬骨鱼纲（Osteichthyes）、鲤形目（Cypriniformes）、鳅科（Cobitidae）、南鳅属（*Schistura*）。

地位作用 横纹南鳅是我国淡水鱼类潜在养殖种。主要用途为食用和观赏。

养殖分布 横纹南鳅主要在我国云南等地区养殖。

养殖模式 横纹南鳅的养殖水体为淡水，主要养殖模式为池塘养殖。

开发利用情况 横纹南鳅为本土种，目前横纹南鳅苗种繁育方面的研究尚属空白。

339.多纹南鳅（*Schistura polytaenia*）

俗名 无。

（于虹漫 提供）

分类地位 动物界（Animalia）、脊索动物门（Chordata）、硬骨鱼纲（Osteichthyes）、鲤形目（Cypriniformes）、鳅科（Cobitidae）、南鳅属（*Schistura*）。

地位作用 多纹南鳅是我国淡水鱼类潜在养殖种。主要用途为食用。

养殖分布 多纹南鳅主要在我国云南等地区养殖。

养殖模式 多纹南鳅的养殖水体为淡水，主要养殖模式为池塘养殖。

开发利用情况 多纹南鳅为本土种，自然分布于独龙江、龙川江上游等。尚未解决其大规模人工苗种繁育技术。全国共普查到1个繁育主体开展该资源的活体保种和/或苗种生产。

340. 软刺裸裂尻鱼
(*Schizopygopsis malacanthus*)

俗名　小嘴鱼、土鱼、白鱼子、竹根鱼。

（罗刚　提供）

分类地位　动物界（Animalia）、脊索动物门（Chordata）、硬骨鱼纲（Osteichthyes）、鲤形目（Cypriniformes）、鲤科（Cyprinidae）、裸裂尻鱼属（*Schizopygopsis*）。

地位作用　软刺裸裂尻鱼是我国淡水鱼类潜在养殖种。主要用途为食用和药用。

养殖分布　软刺裸裂尻鱼主要在我国西南等地区养殖，包括：四川、西藏等。

养殖模式　软刺裸裂尻鱼的养殖水体为淡水，主要养殖模式为池塘养殖。

开发利用情况　软刺裸裂尻鱼为本土种，是西南地区重要的经济鱼类。从2006年开始开展人工驯养试验，并于2013年5月人工繁殖成功，目前软刺裸裂尻鱼主要是满足增殖放流的需求，尚未形成规模化养殖。全国共普查到3个繁育主体开展该资源的活体保种和/或苗种生产。

341.黄河裸裂尻鱼（*Schizopygopsis pylzovi*）

俗名 小嘴湟鱼、小嘴巴鱼、鱼景鱼。

（罗刚 提供）

分类地位 动物界（Animalia）、脊索动物门（Chordata）、硬骨鱼纲（Osteichthyes）、鲤形目（Cypriniformes）、鲤科（Cyprinidae）、裸裂尻鱼属（*Schizopygopsis*）。

地位作用 黄河裸裂尻鱼是我国淡水鱼类潜在养殖种。主要用途为食用和药用。

养殖分布 黄河裸裂尻鱼主要在我国西南、西北等地区养殖，包括：四川、贵州、甘肃、青海等。

养殖模式 黄河裸裂尻鱼的养殖水体为淡水，主要养殖模式为池塘养殖。

开发利用情况 黄河裸裂尻鱼为本土种，是黄河上游主要的经济鱼类。21世纪初解决了其人工苗种繁育技术，由于受精和孵化的关键技术还未完全掌握，目前繁育成功的鱼苗主要用于满足增殖放流的需求，尚未形成规模化养殖。全国共普查到14个繁育主体开展该资源的活体保种和/或苗种生产。

342.拉萨裸裂尻鱼
（*Schizopygopsis younghusbandi*）

俗名　杨氏裸裂尻鱼、土鱼。

（罗刚　提供）

分类地位　动物界（Animalia）、脊索动物门（Chordata）、硬骨鱼纲（Osteichthyes）、鲤形目（Cypriniformes）、鲤科（Cyprinidae）、裸裂尻鱼属（*Schizopygopsis*）。

地位作用　拉萨裸裂尻鱼是我国西藏地区特色养殖种。主要用途为食用和药用。

养殖分布　拉萨裸裂尻鱼主要在我国西藏等地区养殖。

养殖模式　拉萨裸裂尻鱼的养殖水体为淡水，主要养殖模式为池塘养殖。

开发利用情况　拉萨裸裂尻鱼为本土种，是西藏天然水域分布最广、数量最多的土著鱼类。近几年解决了其人工苗种繁育技术。全国共普查到15个繁育主体开展该资源的活体保种和/或苗种生产。

343.细鳞裂腹鱼（*Schizothorax chongi*）

俗名　缅鱼、洋鱼、细甲鱼。

（冷云　提供）

分类地位　动物界（Animalia）、脊索动物门（Chordata）、硬骨鱼纲（Osteichthyes）、鲤形目（Cypriniformes）、鲤科（Cyprinidae）、裂腹鱼属（*Schizothorax*）。

地位作用　细鳞裂腹鱼是我国淡水鱼类潜在养殖种，野外种群列入《国家重点保护野生动物名录》（二级）。主要用途为食用、保护。

养殖分布　细鳞裂腹鱼主要在我国西南、华中等地区养殖，包括：湖北、四川、云南等。

养殖模式　细鳞裂腹鱼的养殖水体为淡水，主要养殖模式为池塘养殖。

开发利用情况　细鳞裂腹鱼为本土种，是金沙江流域特有的亚冷水性经济鱼类之一。2005年开始对人工驯养的细鳞裂腹鱼进行人工繁殖试验，解决了其人工苗种繁育技术。全国共普查到14个繁育主体开展该资源的活体保种和/或苗种生产。

344. 重口裂腹鱼（*Schizothorax davidi*）

俗名 雅鱼、重口细鳞鱼、重口、细甲鱼、重唇鱼、丙穴鱼、嘉鱼。

（喻燚 提供）

分类地位 动物界（Animalia）、脊索动物门（Chordata）、硬骨鱼纲（Osteichthyes）、鲤形目（Cypriniformes）、鲤科（Cyprinidae）、裂腹鱼属（*Schizothorax*）。

地位作用 重口裂腹鱼是我国淡水鱼类区域养殖种，野外种群列入《国家重点保护野生动物名录》（二级）。主要用途为食用、保护。

养殖分布 重口裂腹鱼主要在我国西南、西北等地区养殖，包括：重庆、四川、贵州、云南、西藏、甘肃、青海等。

养殖模式 重口裂腹鱼的养殖水体为淡水，主要养殖模式为池塘养殖。

开发利用情况 重口裂腹鱼为本土种，自然分布于长江干支流，尤以嘉陵江、岷江、沱江水系的峡谷河流为多。21世纪头十年解决了其人工苗种繁育技术。全国共普查到28个繁育主体开展该资源的活体保种和/或苗种生产。

345. 长丝裂腹鱼（*Schizothorax dolichonema*）

俗名 细甲鱼。

（冷云 提供）

分类地位 动物界（Animalia）、脊索动物门（Chordata）、硬骨鱼纲（Osteichthyes）、鲤形目（Cypriniformes）、鲤科（Cyprinidae）、裂腹鱼属（*Schizothorax*）。

地位作用 长丝裂腹鱼是我国淡水鱼类潜在养殖种。主要用途为食用。

养殖分布 长丝裂腹鱼主要在我国西南等地区养殖，包括：四川、云南、西藏等。

养殖模式 长丝裂腹鱼的养殖水体为淡水，主要养殖模式为池塘养殖。

开发利用情况 长丝裂腹鱼为本土种，是西南地区的主要经济鱼类。我国从1999年开始开展野生长须裂腹鱼人工驯养繁育的技术研究，并于2002年初步解决了其人工苗种繁育技术，但存在催产率、受精率以及出苗率低的问题，尚不具备规模化养殖的条件。全国共普查到9个繁育主体开展该资源的活体保种和/或苗种生产。

346.昆明裂腹鱼（*Schizothorax grahami*）

俗名 细鳞鱼。

（罗刚 提供）

分类地位 动物界（Animalia）、脊索动物门（Chordata）、硬骨鱼纲（Osteichthyes）、鲤形目（Cypriniformes）、鲤科（Cyprinidae）、裂腹鱼属（*Schizothorax*）。

地位作用 昆明裂腹鱼是我国西南地区的特色养殖种。主要用途为食用。

养殖分布 昆明裂腹鱼主要在我国西南等地区养殖，包括：四川、贵州、云南等。

养殖模式 昆明裂腹鱼的养殖水体为淡水，主要养殖模式为池塘养殖。

开发利用情况 昆明裂腹鱼为本土种，自然分布于金沙江下游各支流及乌江上游。21世纪头十年解决了其人工苗种繁育技术。全国共普查到7个繁育主体开展该资源的活体保种和/或苗种生产。

347.灰裂腹鱼（*Schizothorax griseus*）

俗名　细鳞鱼、面鱼。

（罗刚　提供）

　　分类地位　动物界（Animalia）、脊索动物门（Chordata）、硬骨鱼纲（Osteichthyes）、鲤形目（Cypriniformes）、鲤科（Cyprinidae）、裂腹鱼属（*Schizothorax*）。

　　地位作用　灰裂腹鱼是我国淡水鱼类潜在养殖种。主要用途为食用。

　　养殖分布　灰裂腹鱼主要在我国西南等地区养殖，包括：贵州、云南等。

　　养殖模式　灰裂腹鱼的养殖水体为淡水，主要养殖模式为池塘单养。

　　开发利用情况　灰裂腹鱼为本土种，是我国近年来开发的潜在养殖对象。21世纪头十年解决了其人工苗种繁育技术，但尚未形成规模化养殖。全国共普查到8个繁育主体开展该资源的活体保种和/或苗种生产。

348.四川裂腹鱼（*Schizothorax kozlovi*）

俗名 沔鱼、细鳞鱼、四鳃鱼。

（冷云 提供）

分类地位 动物界（Animalia）、脊索动物门（Chordata）、硬骨鱼纲（Osteichthyes）、鲤形目（Cypriniformes）、鲤科（Cyprinidae）、裂腹鱼属（*Schizothorax*）。

地位作用 四川裂腹鱼是我国淡水鱼类潜在养殖种。主要用途为食用。

养殖分布 四川裂腹鱼主要在我国西南、西北等地区养殖，包括：湖北、四川、贵州、云南、西藏、甘肃等。

养殖模式 四川裂腹鱼的养殖水体为淡水，主要养殖模式为池塘养殖，主要为单养。

开发利用情况 四川裂腹鱼为本土种，是我国特有高原鱼类，分布于长江上游的金沙江、雅砻江水系。21世纪头十年解决了其人工苗种繁育技术。全国共普查到10个繁育主体开展该资源的活体保种和／或苗种生产。

349.澜沧裂腹鱼（*Schizothorax lantsangensis*）

俗名 面鱼、江鱼。

（朱挺兵 提供）

分类地位 动物界（Animalia）、脊索动物门（Chordata）、硬骨鱼纲（Osteichthyes）、鲤形目（Cypriniformes）、鲤科（Cyprinidae）、裂腹鱼属（*Schizothorax*）。

地位作用 澜沧裂腹鱼是我国淡水鱼类潜在养殖种。主要用途为食用。

养殖分布 澜沧裂腹鱼主要在我国西南等地区养殖，包括：云南、西藏等。

养殖模式 澜沧裂腹鱼的养殖水体为淡水，主要养殖模式为池塘养殖，主要为单养。

开发利用情况 澜沧裂腹鱼为本土种，是高原山区亚冷水性鱼类，21世纪头十年解决了其人工苗种繁育技术。全国共普查到4个繁育主体开展该资源的活体保种和/或苗种生产。

350.光唇裂腹鱼（*Schizothorax lissolabiatus*）

俗名 细鳞鱼。

（朱挺兵 提供）

分类地位 动物界（Animalia）、脊索动物门（Chordata）、硬骨鱼纲（Osteichthyes）、鲤形目（Cypriniformes）、鲤科（Cyprinidae）、裂腹鱼属（*Schizothorax*）。

地位作用 光唇裂腹鱼是我国淡水鱼类潜在养殖种。主要用途为食用。

养殖分布 光唇裂腹鱼主要在我国西南等地区养殖，包括：云南、西藏等。

养殖模式 光唇裂腹鱼的养殖水体为淡水，主要养殖模式为池塘养殖，主要为单养。

开发利用情况 光唇裂腹鱼为本土种，自然分布于澜沧江中上游、元江上游及南盘江，21世纪头十年解决了其人工苗种繁育技术，但尚未形成规模化养殖。全国共普查到7个繁育主体开展该资源的活体保种和/或苗种生产。

351.巨须裂腹鱼（*Schizothorax macropogon*）

俗名 胡子鱼、巨须弓鱼。

（李雷 提供）

分类地位 动物界（Animalia）、脊索动物门（Chordata）、硬骨鱼纲（Osteichthyes）、鲤形目（Cypriniformes）、鲤科（Cyprinidae）、裂腹鱼属（*Schizothorax*）。

地位作用 巨须裂腹鱼是我国淡水鱼类珍稀保护种，列入《国家重点保护野生动物名录》（二级）。主要用途为保护。

养殖分布 巨须裂腹鱼主要在我国西藏等地区养殖。

养殖模式 巨须裂腹鱼的养殖水体为淡水，主要养殖模式为池塘养殖，主要为单养。

开发利用情况 巨须裂腹鱼为本土种，是我国青藏高原特有的珍稀高原冷水性鱼类，自然分布于雅鲁藏布江上游及其各支流。由于孵化率低等问题，尚未解决其苗种大规模繁育技术。全国共普查到22个繁育主体开展该资源的活体保种和/或苗种生产。

352.南方裂腹鱼（*Schizothorax meridionalis*）

俗名 白鱼。

（冷云 提供）

　　分类地位 动物界（Animalia）、脊索动物门（Chordata）、硬骨鱼纲（Osteichthyes）、鲤形目（Cypriniformes）、鲤科（Cyprinidae）、裂腹鱼属（*Schizothorax*）。

　　地位作用 南方裂腹鱼是我国淡水鱼类潜在养殖种。主要用途为食用。

　　养殖分布 南方裂腹鱼主要在我国云南等地区养殖。

　　养殖模式 南方裂腹鱼的养殖水体为淡水，主要养殖模式为池塘养殖，主要为单养。

　　开发利用情况 南方裂腹鱼为本土种，是底栖冷水性鱼类，自然分布于龙川江、大盈江。21世纪头十年解决了其人工苗种繁育技术。全国共普查到6个繁育主体开展该资源的活体保种和/或苗种生产。

353.怒江裂腹鱼（*Schizothorax nukiangensis*）

俗名 怒江江鱼。

（冷云 提供）

分类地位 动物界（Animalia）、脊索动物门（Chordata）、硬骨鱼纲（Osteichthyes）、鲤形目（Cypriniformes）、鲤科（Cyprinidae）、裂腹鱼属（*Schizothorax*）。

地位作用 怒江裂腹鱼是我国淡水鱼类潜在养殖种。主要用途为食用。

养殖分布 怒江裂腹鱼主要在我国云南等地区养殖。

养殖模式 怒江裂腹鱼的养殖水体为淡水，主要养殖模式为池塘养殖，主要为单养。

开发利用情况 怒江裂腹鱼为本土种，是底栖冷水性鱼类，自然分布于云南西北部的怒江上游。近年解决了其人工苗种繁育技术。全国共普查到1个繁育主体开展该资源的活体保种和/或苗种生产。

354.异齿裂腹鱼（*Schizothorax oconnori*）

俗名 欧氏弓鱼、副裂腹鱼、异齿弓鱼、欧氏弓色、横口四列齿鱼、棒棒鱼。

（朱挺兵 提供）

分类地位 动物界（Animalia）、脊索动物门（Chordata）、硬骨鱼纲（Osteichthyes）、鲤形目（Cypriniformes）、鲤科（Cyprinidae）、裂腹鱼属（*Schizothorax*）。

地位作用 异齿裂腹鱼是我国淡水鱼类潜在养殖种。主要用途为食用。

养殖分布 异齿裂腹鱼在我国西藏等地区养殖。

养殖模式 异齿裂腹鱼的养殖水体为淡水，主要养殖模式为池塘养殖，目前主要为单养。

开发利用情况 异齿裂腹鱼为本土种，自然分布于西藏雅鲁藏布江水系。其人工苗种繁育技术暂未完全解决。全国共普查到20个繁育主体开展该资源的活体保种和/或苗种生产。

355. 小裂腹鱼（*Schizothorax parvus*）

俗名 面鱼。

（冷云 提供）

分类地位 动物界（Animalia）、脊索动物门（Chordata）、硬骨鱼纲（Osteichthyes）、鲤形目（Cypriniformes）、鲤科（Cyprinidae）、裂腹鱼属（*Schizothorax*）。

地位作用 小裂腹鱼是我国淡水鱼类潜在养殖种。主要用途为食用。

养殖分布 小裂腹鱼在我国云南等地区养殖。

养殖模式 小裂腹鱼的养殖水体为淡水，主要养殖模式为池塘养殖，主要为单养。

开发利用情况 小裂腹鱼为本土种，自然分布于长江上游支流云南漾弓江，以及云南境内金沙江。2004年解决了其人工苗种繁育技术。全国共普查到1个繁育主体开展该资源的活体保种和/或苗种生产。

356.齐口裂腹鱼（*Schizothorax prenanti*）

俗名 雅鱼、齐口、细甲鱼、齐口细鳞鱼。

（冷云 提供）

分类地位 动物界（Animalia）、脊索动物门（Chordata）、硬骨鱼纲（Osteichthyes）、鲤形目（Cypriniformes）、鲤科（Cyprinidae）、裂腹鱼属（*Schizothorax*）。

地位作用 齐口裂腹鱼是我国淡水鱼类潜在养殖种。主要用途为食用。

养殖分布 齐口裂腹鱼主要在我国西南、西北、华中等地区养殖，包括：浙江、福建、湖北、广东、重庆、四川、贵州、云南、陕西、甘肃、青海等。

养殖模式 齐口裂腹鱼的养殖水体为淡水，主要养殖模式为池塘养殖，主要为单养。

开发利用情况 齐口裂腹鱼为本土种，是长江上游水域的冷水底栖洄游鱼类。21世纪初开始进行齐口裂腹鱼的人工驯养，21世纪头十年解决了其人工苗种繁育技术。全国共普查到53个繁育主体开展该资源的活体保种和/或苗种生产。

357. 大理裂腹鱼（*Schizothorax taliensis*）

俗名 大理弓鱼、竿鱼。

（田树魁 提供）

分类地位 动物界（Animalia）、脊索动物门（Chordata）、硬骨鱼纲（Osteichthyes）、鲤形目（Cypriniformes）、鲤科（Cyprinidae）、裂腹鱼属（*Schizothorax*）。

地位作用 大理裂腹鱼是我国淡水鱼类潜在养殖种，野外种群列入《国家重点保护野生动物名录》（二级）。主要用途为食用、保护。

养殖分布 大理裂腹鱼主要在我国云南等地区养殖。

养殖模式 大理裂腹鱼的养殖水体为淡水，主要养殖模式为池塘养殖，主要为单养。

开发利用情况 大理裂腹鱼为本土种，是我国特有种，仅分布于云南省洱海及其通湖溪流，栖息于湖中敞水区域。21世纪头十年解决了其人工苗种繁育技术。全国共普查到1个繁育主体开展该资源的活体保种和/或苗种生产。

358.拉萨裂腹鱼（*Schizothorax waltoni*）

俗名　拉萨弓鱼、贝氏裂腹鱼、尖嘴鱼。

（李雷　提供）

分类地位　动物界（Animalia）、脊索动物门（Chordata）、硬骨鱼纲（Osteichthyes）、鲤形目（Cypriniformes）、鲤科（Cyprinidae）、裂腹鱼属（*Schizothorax*）。

地位作用　拉萨裂腹鱼是我国淡水鱼类潜在养殖种，野外种群列入《国家重点保护野生动物名录》（二级）。主要用途为食用、保护。

养殖分布　拉萨裂腹鱼主要在我国西藏等地区养殖。

养殖模式　拉萨裂腹鱼的养殖水体为淡水，主要养殖模式为池塘养殖，主要为单养。

开发利用情况　拉萨裂腹鱼为本土种，自然分布于雅鲁藏布江中上游干、支流及其附属水体。21世纪头十年解决了其人工苗种繁育技术。全国共普查到23个繁育主体开展该资源的活体保种和/或苗种生产。

359.短须裂腹鱼（*Schizothorax wangchiachii*）

俗名 缅鱼、沙肚。

（冷云 提供）

分类地位 动物界（Animalia）、脊索动物门（Chordata）、硬骨鱼纲（Osteichthyes）、鲤形目（Cypriniformes）、鲤科（Cyprinidae）、裂腹鱼属（*Schizothorax*）。

地位作用 短须裂腹鱼是我国淡水鱼类潜在养殖种。主要用途为食用。

养殖分布 短须裂腹鱼主要在我国西南等地区养殖，包括：湖北、四川、云南、西藏等。

养殖模式 短须裂腹鱼的养殖水体为淡水，主要养殖模式为池塘养殖，主要为单养。

开发利用情况 短须裂腹鱼为本土种，是长江上游特有冷水性鱼类，自然分布于金沙江、乌江和雅砻江等水系。2005年解决了其人工苗种繁育技术。全国共普查到22个繁育主体开展该资源的活体保种和/或苗种生产。

360.云南裂腹鱼（*Schizothorax yunnanensis*）

俗名 弓鱼、公鱼。

（冷云 提供）

分类地位 动物界（Animalia）、脊索动物门（Chordata）、硬骨鱼纲（Osteichthyes）、鲤形目（Cypriniformes）、鲤科（Cyprinidae）、裂腹鱼属（*Schizothorax*）。

地位作用 云南裂腹鱼是我国淡水鱼类潜在养殖种。主要用途为食用。

养殖分布 云南裂腹鱼主要在我国西南等地区养殖，包括：贵州、云南等。

养殖模式 云南裂腹鱼的养殖水体为淡水，主要养殖模式为池塘养殖，主要为单养。

开发利用情况 云南裂腹鱼为本土种，是中小型亚冷水性鱼类，自然分布于云南的洱海和澜沧江水系。2002年解决了其人工苗种繁育技术。全国共普查到3个繁育主体开展该资源的活体保种和/或苗种生产。

361.美丽硬仆骨舌鱼（*Scleropages formosus*）

俗名　亚洲龙鱼、亚洲龙吐珠。

（欧仁杰　提供）

分类地位　动物界（Animalia）、脊索动物门（Chordata）、硬骨鱼纲（Osteichthyes）、骨舌鱼目（Osteoglossiformes）、骨舌鱼科（Osteoglossidae）、硬仆骨舌鱼属（*Scleropages*）。

地位作用　美丽硬仆骨舌鱼是我国淡水鱼类珍稀保护种，列入《濒危野生动植物种国际贸易公约》（附录Ⅰ）。主要用途为保护和观赏。

养殖分布　美丽硬仆骨舌鱼主要在我国华东、华北、华南等地区养殖，包括：河北、浙江、福建、广东、陕西等。

养殖模式　美丽硬仆骨舌鱼的养殖水体为人工可控的淡水水域，主要养殖模式包括池塘养殖、水族箱养殖等。

开发利用情况　美丽硬仆骨舌鱼为引进种，原产于东南亚地区，是极具观赏价值的淡水鱼类，21世纪初解决了其人工苗种繁育技术。全国共普查到2个繁育主体开展该资源的活体保种和/或苗种生产。

362.澳洲宝石鲈（*Scortum barcoo*）

俗名 宝石鲈、宝石斑、佳帝鱼等。

（叶星 提供）

分类地位 动物界（Animalia）、脊索动物门（Chordata）、硬骨鱼纲（Osteichthyes）、鲈形目（Perciformes）、鯯科（Theraponidae）、革鯯属（*Scortum*）。

地位作用 澳洲宝石鲈是我国淡水鱼类特色养殖种。主要用途为食用。

养殖分布 澳洲宝石鲈主要在我国华南、华东、华中等地区养殖，包括：浙江、福建、河南、湖北、广东、广西等。

养殖模式 澳洲宝石鲈的养殖水体为人工可控的淡水水域，主要养殖模式包括池塘养殖、网箱养殖等。

开发利用情况 澳洲宝石鲈为引进种，21世纪初从澳大利亚引进，随后解决了其人工苗种繁育技术。全国共普查到5个繁育主体开展该资源的活体保种和/或苗种生产。

363. 唇鲮（*Semilabeo notabilis*）

俗名　猪嘴鱼、唇鱼、岩鱼、皇帝鱼等。

（蓝家湖　提供）

分类地位　动物界（Animalia）、脊索动物门（Chordata）、硬骨鱼纲（Osteichthyes）、鲤形目（Cypriniformes）、鲤科（Cyprinidae）、唇鲮属（*Semilabeo*）。

地位作用　唇鲮是我国淡水鱼类潜在养殖种。主要用途为食用。

养殖分布　唇鲮主要在我国华南、西南等地区养殖，包括：广东、广西、贵州等。

养殖模式　唇鲮的养殖水体为淡水，主要养殖模式包括池塘单养、与鲟鱼混养等。

开发利用情况　唇鲮为本土种，21世纪初逐步解决了其人工苗种繁育技术。全国共普查到2个繁育主体开展该资源的活体保种和/或苗种生产。

364. 暗色唇鲮（*Semilabeo obscurus*）

俗名 猪嘴鱼、马鼻勾等。

（罗刚 提供）

分类地位 动物界（Animalia）、脊索动物门（Chordata）、硬骨鱼纲（Osteichthyes）、鲤形目（Cypriniformes）、鲤科（Cyprinidae）、唇鲮属（*Semilabeo*）。

地位作用 暗色唇鲮是我国淡水鱼类潜在养殖种。主要用途为食用。

养殖分布 暗色唇鲮主要在我国西南、华南等地区养殖，包括：广西、贵州、云南等。

养殖模式 暗色唇鲮的养殖水体为淡水，主要养殖模式包括池塘单养、池塘混养等。

开发利用情况 暗色唇鲮为本土种，自然分布于珠江水系和沅江水系，近年初步解决了其人工苗种繁育技术。全国共普查到8个繁育主体开展该资源的活体保种和/或苗种生产。

365. 欧鲇（*Silurus glanis*）

俗名 欧洲六须鲇、六须鲇、欧洲鲇等。

（王刚　提供）

分类地位 动物界（Animalia）、脊索动物门（Chordata）、硬骨鱼纲（Osteichthyes）、鲇形目（Siluriformes）、鲇科（Siluridae）、鲇属（*Silurus*）。

地位作用 欧鲇是我国淡水鱼类潜在养殖种。主要用途为食用。

养殖分布 欧鲇主要在我国新疆等地区养殖。

养殖模式 欧鲇的养殖水体为人工可控的淡水水域，主要养殖模式包括池塘养殖，可单养，也可混养。

开发利用情况 欧鲇为引进种，20世纪90年代解决了其人工苗种繁育技术。

366.兰州鲇（*Silurus lanzhouensis*）

俗名 黄河鲇。

（罗刚 提供）

分类地位 动物界（Animalia）、脊索动物门（Chordata）、硬骨鱼纲（Osteichthyes）、鲇形目（Siluriformes）、鲇科（Siluridea）、鲇属（*Silurus*）。

地位作用 兰州鲇是我国淡水鱼类潜在养殖种。主要用途为食用。

养殖分布 兰州鲇主要在我国西北、华北等地区养殖，包括：山西、内蒙古、陕西、甘肃、宁夏等。

养殖模式 兰州鲇的养殖水体为淡水，主要养殖模式为池塘养殖。

开发利用情况 兰州鲇为本土种，自然分布于黄河水系的兰州及内蒙古托克托县和巴彦淖尔盟四分滩等。21世纪初解决了其人工苗种繁育技术。全国共普查到3个繁育主体开展该资源的活体保种和/或苗种生产。

367. 中华沙鳅（*Sinibotia superciliaris*）

俗名 穿金妹、龙针、钢鳅等。

（罗刚 提供）

分类地位 动物界（Animalia）、脊索动物门（Chordata）、硬骨鱼纲（Osteichthyes）、鲤形目（Cypriniformes）、鳅科（Cobitidae）、沙鳅属（*Sinibotia*）。

地位作用 中华沙鳅是我国淡水鱼类潜在养殖种。主要用途为食用和观赏。

养殖分布 中华沙鳅主要在我国四川等地区养殖。

养殖模式 中华沙鳅的养殖水体为淡水，主要养殖模式为池塘养殖。

开发利用情况 中华沙鳅为本土种，21世纪头十年解决了其人工苗种繁育技术。全国共普查到6个繁育主体开展该资源的活体保种和/或苗种生产。

368. 四川华鳊（*Sinibrama taeniatus*）

俗名 墨线鱼、麦线鱼。

（成都耶拿环保科技有限公司　提供）

分类地位　动物界（Animalia）、脊索动物门（Chordata）、硬骨鱼纲（Osteichthyes）、鲤形目（Cypriniformes）、鲤科（Cyprinidae）、华鳊属（*Sinibrama*）。

地位作用　四川华鳊是我国淡水鱼类潜在养殖种。主要用途为食用。

养殖分布　四川华鳊主要在我国四川等地区养殖。

养殖模式　四川华鳊的养殖水体为淡水，主要养殖模式为池塘养殖。

开发利用情况　四川华鳊为本土种，是中国特有物种。近年来开展了其胚胎发育等研究，尚未解决人工苗种繁育技术。全国共普查到1个繁育主体开展该资源的活体保种和/或苗种生产。

369. 中华刺鳅（*Sinobdella sinensis*）

俗名 石爬、刀鳅等。

（原居林　提供）

分类地位　动物界（Animalia）、脊索动物门（Chordata）、硬骨鱼纲（Osteichthyes）、鲈形目（Perciformes）、刺鳅科（Mastacembelidae）、中华刺鳅属（*Sinobdella*）。

地位作用　中华刺鳅是我国淡水鱼类潜在养殖种。主要用途为食用和观赏。

养殖分布　中华刺鳅主要在我国广东等地区养殖。

养殖模式　中华刺鳅的养殖水体为淡水，主要养殖模式包括池塘养殖、水族箱养殖等。

开发利用情况　中华刺鳅为本土种，分布于辽河、黄河、长江、钱塘江、珠江等水系。尚未解决其人工苗种繁育技术。

370.狭孔金线鲃
（*Sinocyclocheilus angustiporus*）

俗名 金线鱼。

（杨洪福 提供）

分类地位 动物界（Animalia）、脊索动物门（Chordata）、硬骨鱼纲（Osteichthyes）、鲤形目（Cypriniformes）、鲤科(Cyprinidae)、金线鲃属（*Sinocyclocheilus*）。

地位作用 狭孔金线鲃是我国淡水鱼类珍稀保护种，列入《国家重点保护野生动物名录》（二级）。主要用途为保护。

养殖分布 狭孔金线鲃主要在我国云南等地区养殖。

养殖模式 狭孔金线鲃的养殖水体为淡水，主要养殖模式为池塘养殖，以单养为主。

开发利用情况 狭孔金线鲃为本土种，是我国21世纪头十年开发的养殖种，初步解决了其人工苗种繁育技术，并进行了多次增殖放流活动。全国共普查到1个繁育主体开展该资源的活体保种和/或苗种生产。

371.滇池金线鲃（*Sinocyclocheilus grahami*）

俗名　金线鱼、小洞鱼、洞鱼、波罗鱼、小鲈鱼。

（中国科学院昆明动物研究所　提供）

分类地位　动物界（Animalia）、脊索动物门（Chordata）、硬骨鱼纲（Osteichthyes）、鲤形目（Cypriniformes）、鲤科(Cyprinidae)、金线鲃属（*Sinocyclocheilus*）。

地位作用　滇池金线鲃是我国淡水鱼类珍稀保护种，列入《国家重点保护野生动物名录》（二级）。主要用途为保护。

养殖分布　滇池金线鲃主要在我国云南等地区养殖。

养殖模式　滇池金线鲃的养殖水体为淡水，主要养殖模式为池塘养殖，以单养为主。

开发利用情况　滇池金线鲃为本土种，是我国21世纪初开发的养殖种，解决了其人工苗种繁育技术，已有"鲃优1号"1个品种通过全国水产原种和良种审定委员会审定。全国共普查到7个繁育主体开展该资源的活体保种和/或苗种生产。

372.滇池金线鲃 "鲃优1号"
（*Sinocyclocheilus grahami*）

俗名 鲃优1号。

分类地位 动物界（Animalia）、脊索动物门（Chordata）、硬骨鱼纲（Osteichthyes）、鲤形目（Cypriniformes）、鲤科(Cyprinidae)、金线鲃属（*Sinocyclocheilus*）。

地位作用 滇池金线鲃 "鲃优1号" 是我国培育的第1个滇池金线鲃品种，主要选育性状为生长速度快和肌间刺弱化。在相同养殖条件下，与未经选育的滇池金线鲃相比，24月龄 "鲃优1号" 体长平均提高20.5%，体重平均提高37.0%；肌间刺简化弱化，分支分叉等复杂刺形的肌间刺占比平均减少78.5%。具有遗传性状稳定、生长快、抗小瓜虫病强等特点。主要用途为食用。

养殖分布 滇池金线鲃 "鲃优1号" 主要在我国云南等地区养殖。

养殖模式 滇池金线鲃 "鲃优1号" 的养殖水体为人工可控的淡水水域，主要养殖模式为池塘养殖，以单养为主。

开发利用情况 滇池金线鲃 "鲃优1号" 为培育种，由中国科学院昆明动物研究所、云南省水产技术推广站、云南华大基因研究院、文山州水产技术推广站、西畴县养殖业服务中心共同培育，2017年通过全国水产原种和良种审定委员会审定。全国共普查到1个繁育主体开展该资源的活体保种和/或苗种生产。

373.尖头金线鲃（*Sinocyclocheilus oxycephalus*）

俗名 金线鱼。

（严晖 提供）

分类地位 动物界（Animalia）、脊索动物门（Chordata）、硬骨鱼纲（Osteichthyes）、鲤形目（Cypriniformes）、鲤科(Cyprinidae)、金线鲃属（*Sinocyclocheilus*）。

地位作用 尖头金线鲃是我国淡水鱼类珍稀保护种，列入《国家重点保护野生动物名录》（二级）。主要用途为保护。

养殖分布 尖头金线鲃主要在我国云南等地区养殖。

养殖模式 尖头金线鲃的养殖水体为淡水，主要养殖模式为池塘养殖，以单养为主。

开发利用情况 尖头金线鲃为本土种，是我国21世纪初逐渐开发的养殖种，初步解决了其人工苗种繁育技术，在产地有小规模养殖。全国共普查到1个繁育主体开展该资源的活体保种和/或苗种生产。

374. 曲靖金线鲃
（*Sinocyclocheilus qujingensis*）

俗名 金线鱼、油鱼。

（田树魁 提供）

分类地位 动物界（Animalia）、脊索动物门（Chordata）、硬骨鱼纲（Osteichthyes）、鲤形目（Cypriniformes）、鲤科(Cyprinidae)、金线鲃属（*Sinocyclocheilus*）。

地位作用 曲靖金线鲃是我国淡水鱼类珍稀保护种，列入《国家重点保护野生动物名录》（二级）。主要用途为保护。

养殖分布 曲靖金线鲃主要在我国云南等地区养殖。

养殖模式 曲靖金线鲃的养殖水体为淡水，主要养殖模式为池塘养殖，以单养为主。

开发利用情况 曲靖金线鲃为本土种，是我国21世纪初逐渐开发的养殖种，初步解决了其人工苗种繁育技术，在产地有小规模养殖。全国共普查到4个繁育主体开展该资源的活体保种和/或苗种生产。

375.犀角金线鲃
（*Sinocyclocheilus rhinocerous*）

俗名 扛炮鱼、透明鱼。

（中国科学院昆明动物研究所　提供）

分类地位 动物界（Animalia）、脊索动物门（Chordata）、硬骨鱼纲（Osteichthyes）、鲤形目（Cypriniformes）、鲤科(Cyprinidae)、金线鲃属（*Sinocyclocheilus*）。

地位作用 犀角金线鲃是我国淡水鱼类珍稀保护种，列入《国家重点保护野生动物名录》（二级）。主要用途为保护、观赏。

养殖分布 犀角金线鲃主要在我国云南等地区养殖。

养殖模式 犀角金线鲃的养殖水体为淡水，主要养殖模式为池塘养殖，以单养为主。

开发利用情况 犀角金线鲃为本土种，是我国21世纪初逐渐开发的养殖种，初步解决了其人工苗种繁育技术，主要是在科研院所的实验室小规模养殖。全国共普查到1个繁育主体开展该资源的活体保种和/或苗种生产。

376.抚仙金线鲃（*Sinocyclocheilus tingi*）

俗名 金线鱼、波萝鱼。

（罗刚 提供）

分类地位 动物界（Animalia）、脊索动物门（Chordata）、硬骨鱼纲（Osteichthyes）、鲤形目（Cypriniformes）、鲤科(Cyprinidae)、金线鲃属（*Sinocyclocheilus*）。

地位作用 抚仙金线鲃是我国淡水鱼类珍稀保护种，列入《国家重点保护野生动物名录》（二级）。主要用途为保护、观赏。

养殖分布 抚仙金线鲃主要在我国云南等地区养殖。

养殖模式 抚仙金线鲃的养殖水体为淡水，主要养殖模式为池塘养殖，以单养为主。

开发利用情况 抚仙金线鲃为本土种，是我国21世纪初逐渐开发的养殖种，初步解决了其人工苗种繁育技术，在产地有小规模养殖。全国共普查到2个繁育主体开展该资源的活体保种和/或苗种生产。

377.西畴金线鲃
（ *Sinocyclocheilus xichouensis* ）

俗名 油鱼、金线鱼、细鳞鱼。

（潘晓赋 提供）

分类地位 动物界（Animalia）、脊索动物门（Chordata）、硬骨鱼纲（Osteichthyes）、鲤形目（Cypriniformes）、鲤科（Cyprinidae）、金线鲃属（*Sinocyclocheilus*）。

地位作用 西畴金线鲃是我国淡水鱼类珍稀保护种，列入《国家重点保护野生动物名录》（二级）。主要用途为保护、观赏。

养殖分布 西畴金线鲃主要在我国云南等地区养殖。

养殖模式 西畴金线鲃的养殖水体为淡水，主要养殖模式为池塘养殖，以单养为主。

开发利用情况 西畴金线鲃为本土种，是我国21世纪第二个十年逐渐开发的养殖种，初步解决了其人工苗种繁育技术，在产地有小规模养殖。全国共普查到1个繁育主体开展该资源的活体保种和/或苗种生产。

378.刺鲃（*Spinibarbus caldwelli*）

俗名 娟鱼、阳鲣、青棍、黄娟鱼、军鱼、群鱼、光鱼、白娟、粗鳞、青鳟、青竹鲩、青娟、鲤中石娟。

（陈熹贤 提供）

分类地位 动物界（Animalia）、脊索动物门（Chordata）、硬骨鱼纲（Osteichthyes）、鲤形目（Cypriniformes）、鲤科(Cyprinidae)、倒刺鲃属（*Spinibarbus*）。

地位作用 刺鲃是我国淡水鱼类潜在养殖种。主要用途为食用。

养殖分布 刺鲃主要在我国华东、西南等地区养殖，包括：浙江、福建、江西、广西、云南等。

养殖模式 刺鲃的养殖水体为淡水，主要养殖模式为池塘养殖，以单养为主。

开发利用情况 刺鲃为本土种，是我国21世纪初逐渐开发的养殖种，解决了其人工苗种繁育技术，在产地有小规模养殖。全国共普查到3个繁育主体开展该资源的活体保种和/或苗种生产。

379.倒刺鲃（*Spinibarbus denticulatus*）

俗名　青竹鲤、粗鳞、光鱼、竹柏鲤、草包鱼、竹鱼、大肚鱼、箭筒、娟鱼、火娟、军鱼。

（赵亚鹏　提供）

分类地位　动物界（Animalia）、脊索动物门（Chordata）、硬骨鱼纲（Osteichthyes）、鲤形目（Cypriniformes）、鲤科(Cyprinidae)、倒刺鲃属（*Spinibarbus*）。

地位作用　倒刺鲃是我国淡水鱼类潜在养殖种。主要用途为食用。

养殖分布　倒刺鲃主要在我国华南、华东、西南等地区养殖，包括：浙江、安徽、福建、江西、湖南、广东、广西、海南、贵州、云南等。

养殖模式　倒刺鲃的养殖水体为淡水，主要养殖模式为池塘养殖，以单养为主。

开发利用情况　倒刺鲃为本土种，是我国20世纪末逐渐开发的养殖种，解决了其人工苗种繁育技术，21世纪头十年解决了其规模化养殖技术。全国共普查到14个繁育主体开展该资源的活体保种和/或苗种生产。

380. 中华倒刺鲃（*Spinibarbus sinensis*）

俗名　青波、乌鳞、清板、粗鳞、光鱼。

（许晓军　提供）

分类地位　动物界（Animalia）、脊索动物门（Chordata）、硬骨鱼纲（Osteichthyes）、鲤形目（Cypriniformes）、鲤科（Cyprinidae）、倒刺鲃属（*Spinibarbus*）。

地位作用　中华倒刺鲃是我国淡水鱼类潜在养殖种。主要用途为食用。

养殖分布　中华倒刺鲃主要在我国西南、华中、华东等地区养殖，包括：浙江、安徽、福建、江西、湖北、湖南、广东、广西、重庆、四川、贵州、云南、陕西等。

养殖模式　中华倒刺鲃的养殖水体为淡水，主要养殖模式为池塘养殖，以单养为主。

开发利用情况　中华倒刺鲃为本土种，是我国20世纪80年代逐渐开发的养殖种，解决了其人工苗种繁育技术，21世纪初期解决了其规模化养殖技术。全国共普查到28个繁育主体开展该资源的活体保种和/或苗种生产。

381. 银鮈 (*Squalidus argentatus*)

俗名 沙胖儿、肉嫩儿、油鱼仔、老实鱼、白尾、明鱼。

(原居林 提供)

分类地位 动物界（Animalia）、脊索动物门（Chordata）、硬骨鱼纲（Osteichthyes）、鲤形目（Cypriniformes）、鮈科（Gobionidae）、银鮈属（*Squalidus*）。

地位作用 银鮈是我国淡水鱼类潜在养殖种。主要用途为食用。

养殖分布 银鮈主要在我国湖南等地区养殖。

养殖模式 银鮈的养殖水体为淡水，主要养殖模式为池塘养殖，以单养为主。

开发利用情况 银鮈为本土种，由于在产地野生资源丰富，开展野外资源调查、繁殖生物学等研究较多，尚未见人工驯化、繁育和新种质创制方面的相关报道。

382. 赤眼鳟（*Squaliobarbus curriculus*）

俗名 红眼鱼、红眼棒、野草鱼、赤眼鲮。

（储沛江　提供）

分类地位　动物界（Animalia）、脊索动物门（Chordata）、硬骨鱼纲（Osteichthyes）、鲤形目（Cypriniformes）、鲤科（Cyprinidae）、赤眼鳟属（*Squaliobarbus*）。

地位作用　赤眼鳟是我国淡水鱼类潜在养殖种。主要用途为食用。

养殖分布　赤眼鳟主要在我国华南、华东、西南、华中等地区养殖，包括：山西、内蒙古、吉林、黑龙江、上海、江苏、浙江、福建、江西、山东、河南、湖北、湖南、广东、广西、重庆、四川、贵州、云南、宁夏等。

养殖模式　赤眼鳟的养殖水体为淡水，主要养殖模式包括池塘养殖、网箱养殖、工厂化养殖和大水面增养殖等。

开发利用情况　赤眼鳟为本土种，21世纪初解决了其人工苗种繁育技术。全国共普查到41个繁育主体开展该资源的活体保种和/或苗种生产。

383.光泽黄颡鱼（*Tachysurus nitidus*）

俗名 无。

（邵韦涵 提供）

分类地位 动物界（Animalia）、脊索动物门（Chordata）、硬骨鱼纲（Osteichthyes）、鲇形目（Siluriformes）、鲿科（Bagridae）、疯鲿属（*Tachysurus*）。

地位作用 光泽黄颡鱼是我国淡水鱼类潜在养殖种。主要用途为食用。

养殖分布 光泽黄颡鱼主要在我国华东、西北、西南、华中等地区养殖，包括：江苏、浙江、福建、江西、湖南、四川、新疆等。

养殖模式 光泽黄颡鱼的养殖水体为淡水，主要养殖模式包括池塘养殖、网箱养殖，主要作为主养鱼类套养鲢、鳙，也可在家鱼主养池中少量套养。

开发利用情况 光泽黄颡鱼为本土种，自然分布于闽江、湘江、长江等水系，目前已解决其人工苗种繁育技术。全国共普查到2个繁育主体开展该资源的活体保种和/或苗种生产。

384.北极茴鱼（*Thymallus arcticus*）

俗名 无。

（陈生熬　提供）

分类地位 动物界(Animalia)、脊索动物门(Chordata)、硬骨鱼纲(Osteichthyes)、鲑形目(Salmoniformes)、鲑科(Salmonidae)、茴鱼属(*Thymallus*)。

地位作用 北极茴鱼是我国淡水鱼类潜在养殖种，野外种群列入《国家重点保护野生动物名录》（二级）。主要用途为食用、保护。

养殖分布 北极茴鱼主要在我国新疆等地区养殖。

养殖模式 北极茴鱼的养殖水体为淡水，主要养殖模式包括大水面增养殖等。

开发利用情况 北极茴鱼为本土种，自然分布于额尔齐斯河支流哈巴河、布尔津河，以及上游卡依尔特河和库依尔特河等水域。近年来解决了其人工苗种繁育技术。

385.黑龙江茴鱼（*Thymallus grubii*）

俗名 斑鳟、红鳞鱼。

（中国水产科学研究院黑龙江水产研究所 提供）

分类地位 动物界（Animalia）、脊索动物门（Chordata）、硬骨鱼纲（Osteichthyes）、鲑形目（Salmoniformes）、鲑科（Salmonidae）、茴鱼属（*Thymallus*）。

地位作用 黑龙江茴鱼是我国淡水鱼类潜在养殖种。主要用途为保护。

养殖分布 黑龙江茴鱼主要在我国东北等地区养殖，包括：吉林、黑龙江等。

养殖模式 黑龙江茴鱼的养殖水体为淡水，主要养殖模式为池塘养殖。

开发利用情况 黑龙江茴鱼为本土种，自然分布于黑龙江上游、嫩江上游、牡丹江、乌苏里江、松花江、绥芬河。已解决其人工苗种繁育技术，但还未能开展苗种的规模化生产，人工养殖仅处于科研阶段。全国共普查到6个繁育主体开展该资源的活体保种和/或苗种生产。

386.鸭绿江茴鱼（*Thymallus yaluensis*）

俗名 青鳞子、斑鳟、红鳞鱼。

（霍堂斌　提供）

分类地位 动物界（Animalia）、脊索动物门（Chordata）、硬骨鱼纲（Osteichthyes）、鲑形目（Salmoniformes）、鲑科（Salmonidae）、茴鱼属（*Thymallus*）。

地位作用 鸭绿江茴鱼是我国淡水鱼类潜在养殖种，野外种群现已列入《国家重点保护野生动物名录》（二级）。主要用途为食用、保护。

养殖分布 鸭绿江茴鱼主要在我国吉林等地区养殖。

养殖模式 鸭绿江茴鱼的养殖水体为淡水，主要养殖模式为池塘养殖。

开发利用情况 鸭绿江茴鱼为本土种，是近年来开始开发利用的种类。受自然生态环境的限制，自然种群数量极少，目前已解决其人工苗种繁育技术，但还未能开展苗种的规模化生产。

387.丁鱥（*Tinca tinca*）

俗名 须鱥、丁桂鱼、金鲑鱼、丁鲑鱼、须桂鱼、丁穗鱼、黑鱼、黄金鱼。

（张驰 提供）

分类地位 动物界（Animalia）、脊索动物门（Chordata）、硬骨鱼纲（Osteichthyes）、鲤形目（Cypriniformes）、鲤科（Cyprinidae）、丁鱥属（*Tinca*）。

地位作用 丁鱥是我国新疆额尔齐斯河流域特色养殖种。主要用途为食用。

养殖分布 丁鱥主要在我国东北、西南、华中、西北等地区养殖，包括：内蒙古、辽宁、吉林、黑龙江、江苏、浙江、安徽、福建、江西、河南、湖北、湖南、广东、广西、重庆、四川、贵州、云南、陕西、甘肃、新疆、新疆生产建设兵团等。

养殖模式 丁鱥的养殖水体为淡水，主要养殖模式包括池塘养殖、网箱养殖等，池塘养殖主要有单养和套养。

开发利用情况 丁鱥为本土种，是新兴的养殖种类。自然分布于新疆的额尔齐斯河和乌伦古河水系。21世纪初解决了其人工苗种繁育技术。全国共普查到9个繁育主体开展该资源的活体保种和/或苗种生产。

388. 中国结鱼（*Tor sinensis*）

俗名 红翅膀。

（罗刚　提供）

分类地位　动物界（Animalia）、脊索动物门（Chordata）、硬骨鱼纲（Osteichthyes）、鲤形目（Cypriniformes）、鲤科（Cyprinidae）、结鱼属（*Tor*）。

地位作用　中国结鱼是澜沧江流域特色养殖种。主要用途为食用。

养殖分布　中国结鱼主要在我国云南等地区养殖。

养殖模式　中国结鱼的养殖水体为淡水，主要养殖模式为池塘养殖。

开发利用情况　中国结鱼为本土种，分布于澜沧江干、支流。2020年其人工驯化和繁育取得初步成功，还需进一步探索研究。全国共普查到5个繁育主体开展该资源的活体保种和/或苗种生产。

389. 似野结鱼（*Tor tambroides*）

俗名 无。

（袁宗伟 提供）

分类地位 动物界（Animalia）、脊索动物门（Chordata）、硬骨鱼纲（Osteichthyes）、鲤形目（Cypriniformes）、鲤科（Cyprinidae）、结鱼属（*Tor*）。

地位作用 似野结鱼是我国淡水鱼类潜在养殖种。主要用途为食用。

养殖分布 似野结鱼主要在我国华南等地区养殖，包括：广东、广西等。

养殖模式 似野结鱼的养殖水体为人工可控的淡水水域，主要养殖模式为池塘养殖。

开发利用情况 似野结鱼为引进种，自然分布于马来西亚。21世纪初，首次诱导似野结鱼在人工养殖环境下产卵，随后完全解决了其人工苗种繁育技术。

390.松江鲈（*Trachidermus fasciatus*）

俗名 四鳃鲈、花鼓鱼、媳妇鱼、花花娘子、老虎鱼。

（原居林 提供）

分类地位 动物界（Animalia）、脊索动物门（Chordata）、硬骨鱼纲（Osteichthyes）、鲉形目（Scorpaeniformes）、杜父鱼科（Cottidae）、松江鲈属（*Trachidermus*）。

地位作用 松江鲈是我国淡水鱼类潜在养殖种，野外种群现已列入《国家重点保护野生动物名录》（二级）。主要用途为食用、保护。

养殖分布 松江鲈主要在我国华东、华北等地区养殖，包括：天津、上海、浙江、福建、山东等。

养殖模式 松江鲈的养殖水体为淡水，主要养殖模式为工厂化养殖。

开发利用情况 松江鲈为本土种，20世纪70年代以来松江鲈自然资源大量减少，濒临枯竭。21世纪初，解决了其人工苗种繁育技术。全国共普查到7个繁育主体开展该资源的活体保种和/或苗种生产。

391.丝鳍毛足鲈（*Trichogaster trichopterus*）

俗名 青万隆、蓝线鳍鱼、蓝曼龙、蓝星鱼、三点斗鱼。

（陈熹贤 提供）

分类地位 动物界（Animalia）、脊索动物门（Chordata）、硬骨鱼纲（Osteichthyes）、鲈形目（Perciformes）、丝足鲈科（Osphronemidae）、毛足斗鱼属（*Trichogaster*）。

地位作用 丝鳍毛足鲈是我国淡水鱼类观赏种。主要用途为观赏。

养殖分布 丝鳍毛足鲈主要在我国华南、华北等地区养殖，包括：天津、辽宁、广东、四川、陕西等。

养殖模式 丝鳍毛足鲈的养殖水体为淡水，主要养殖模式包括池塘养殖、水族箱养殖，可以和体型一致的其他种类的热带观赏鱼混养。

开发利用情况 丝鳍毛足鲈为本土种，是近年来开发的观赏鱼类，已解决其人工苗种繁育技术。

392. 前鳍高原鳅（*Triplophysa anterodorsalis*）

俗名 高原鳅、高原鲫。

（赵亚鹏 提供）

分类地位 动物界（Animalia）、脊索动物门（Chordata）、硬骨鱼纲（Osteichthyes）、鲤形目（Cypriniformes）、鳅科(Cobitidae)、高原鳅属（*Triplophysa*）。

地位作用 前鳍高原鳅是我国淡水鱼类潜在养殖种。主要用途为食用。

养殖分布 前鳍高原鳅主要在我国四川等地区养殖。

养殖模式 前鳍高原鳅的养殖水体为淡水，主要养殖模式包括池塘养殖、网箱养殖、塘泊养殖等。

开发利用情况 前鳍高原鳅为本土种，主要分布于我国金沙江水系，初步解决了其人工苗种繁育技术。全国共普查到1个繁育主体开展该资源的活体保种和/或苗种生产。

393.贝氏高原鳅（*Triplophysa bleekeri*）

俗名 兴山条鳅、麻鱼子。

（中国科学院昆明动物研究所　提供）

分类地位 动物界（Animalia）、脊索动物门（Chordata）、硬骨鱼纲（Osteichthyes）、鲤形目（Cypriniformes）、鳅科(Cobitidae)、高原鳅属（*Triplophysa*）。

地位作用 贝氏高原鳅是我国淡水鱼类潜在养殖种。主要用途为食用。

养殖分布 贝氏高原鳅主要在我国四川等地区养殖。

养殖模式 贝氏高原鳅的养殖水体为淡水，主要养殖模式包括池塘养殖、网箱养殖、塘泊养殖等。

开发利用情况 贝氏高原鳅为本土种，主要分布于长江干支流、金沙江下段、雅砻江下游、岷江中下游、嘉陵江、沱江、乌江中下游、大宁河等。20世纪末开展了其繁殖特性研究，未完全解决其人工苗种繁育技术。全国共普查到1个繁育主体开展该资源的活体保种和/或苗种生产。

394.黄河高原鳅（*Triplophysa pappenheimi*）

俗名 舌板头、黄河条鳅。

（成都耶拿环保科技有限公司　提供）

分类地位 动物界（Animalia）、脊索动物门（Chordata）、硬骨鱼纲（Osteichthyes）、鲤形目（Cypriniformes）、鳅科（Cobitidae）、高原鳅属（*Triplophysa*）。

地位作用 黄河高原鳅是我国淡水鱼类潜在养殖种。主要用途为食用。

养殖分布 黄河高原鳅主要在我国四川等地区养殖。

养殖模式 黄河高原鳅的养殖水体为淡水，主要养殖模式为池塘养殖。

开发利用情况 黄河高原鳅为本土种，分布于兰州以上黄河上游干支流及其附属湖泊，尚未解决其人工苗种繁育技术。全国共普查到1个繁育主体开展该资源的活体保种和/或苗种生产。

395.拟鲇高原鳅（*Triplophysa siluroides*）

俗名 土鲇鱼、石板头、老虎鱼、狗鱼。

（罗刚 提供）

分类地位 动物界（Animalia）、脊索动物门（Chordata）、硬骨鱼纲（Osteichthyes）、鲤形目（Cypriniformes）、鳅科（Cobitidae）、高原鳅属（*Triplophysa*）。

地位作用 拟鲇高原鳅是我国淡水鱼类潜在养殖种，野外种群列入《国家重点保护野生动物名录》（二级）。主要用途为食用、保护和观赏。

养殖分布 拟鲇高原鳅主要在我国西南、西北等地区养殖，包括：四川、甘肃等。

养殖模式 拟鲇高原鳅的养殖水体为淡水，主要养殖模式包括水泥池养殖、高密度循环水养殖等。

开发利用情况 拟鲇高原鳅为本土种，21世纪头十年解决了其人工苗种繁育技术。全国共普查到10个繁育主体开展该资源的活体保种和/或苗种生产。

396.斯氏高原鳅（*Triplophysa stolickai*）

俗名 球肠条鳅、高原条鳅、中亚条鳅、背斑条鳅。

（陈啸 提供）

分类地位 动物界（Animalia）、脊索动物门（Chordata）、硬骨鱼纲（Osteichthyes）、鲤形目（Cypriniformes）、鳅科（Cobitidae）、高原鳅属（*Triplophysa*）。

地位作用 斯氏高原鳅是我国淡水鱼类潜在养殖种。主要用途为食用。

养殖分布 斯氏高原鳅主要在我国新疆生产建设兵团等地区养殖。

养殖模式 斯氏高原鳅的养殖水体为淡水，主要养殖模式为池塘养殖。

开发利用情况 斯氏高原鳅为本土种，主要分布于高海拔地区，在海拔5 200m的西藏龙错温泉亦有分布。尚未解决其人工苗种繁育技术。全国共普查到1个繁育主体开展该资源的活体保种和/或苗种生产。

397.叉尾鲇（*Wallago attu*）

俗名 鲅豪、奥图鲇等。

（王敏奇　提供）

分类地位 动物界（Animalia）、脊索动物门（Chordata）、硬骨鱼纲（Osteichthyes）、鲇形目（Siluriformes）、鲇科（Siluridae）、叉尾鲇属（*Wallago*）。

地位作用 叉尾鲇是我国淡水鱼类潜在养殖种。主要用途为食用和观赏。

养殖分布 叉尾鲇主要在我国华南、西南等地区养殖，包括：广东、广西、云南等。

养殖模式 叉尾鲇的养殖水体为淡水，主要养殖模式为池塘混养。

开发利用情况 叉尾鲇为本土种，在我国仅分布在云南的澜沧江下游。21世纪头十年解决了其人工苗种繁育技术。全国共普查到2个繁育主体开展该资源的活体保种和/或苗种生产。

398.黄尾鲴（*Xenocypris davidi*）

俗名 黄尾、沙黄、黄姑子、黄鱼。

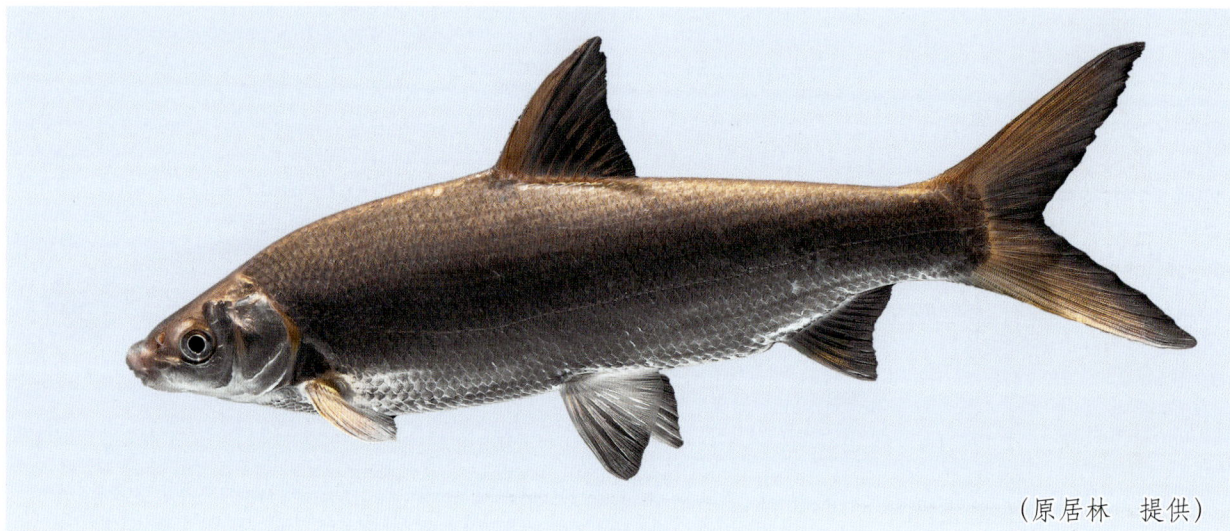

（原居林　提供）

分类地位　动物界（Animalia）、脊索动物门（Chordata）、硬骨鱼纲（Osteichthyes）、鲤形目（Cypriniformes）、鲤科（Cyprinidae）、鲴属（*Xenocypris*）。

地位作用　黄尾鲴是我国淡水鱼类潜在养殖种。主要用途为食用。

养殖分布　黄尾鲴主要在我国华中、华东、东北、华南等地区养殖，包括：河北、黑龙江、上海、江苏、浙江、安徽、福建、江西、山东、湖北、湖南、广东、贵州等。

养殖模式　黄尾鲴的养殖水体为淡水，主要养殖模式包括池塘混养、大水面增养殖等，可与青鱼、草鱼、鲢、鳙等混养。

开发利用情况　黄尾鲴为本土种，主要分布于我国的长江、珠江、闽江及闽东南各溪流湖泊。21世纪头十年解决了其人工苗种繁育技术。全国共普查到34个繁育主体开展该资源的活体保种和/或苗种生产。

399.银鲴（*Xenocypris macrolepis*）

俗名 密鲴、银鲹、水鱼密子、白尾。

（蓝家湖 提供）

分类地位 动物界（Animalia）、脊索动物门（Chordata）、硬骨鱼纲（Osteichthyes）、鲤形目（Cypriniformes）、鲤科（Cyprinidae）、鲴属（*Xenocypris*）。

地位作用 银鲴是我国淡水鱼类潜在养殖种。主要用途为食用。

养殖分布 银鲴主要在我国华中、华东等地区养殖，包括：江西、湖北、湖南、广西等。

养殖模式 银鲴的养殖水体为淡水，主要养殖模式包括池塘养殖、大水面增养殖等，在池塘中可以与青鱼、草鱼、鲢、鳙等套养。

开发利用情况 银鲴为本土种，主要分布在黄河流域。21世纪头十年解决了其人工苗种繁育技术。全国共普查到9个繁育主体开展该资源的活体保种和/或苗种生产。

400. 异鳔鳅鮀（*Xenophysogobio boulengeri*）

俗名 燕尾条、沙胡子、叉婆子。

（陈啸　提供）

分类地位　动物界（Animalia）、脊索动物门（Chordata）、硬骨鱼纲（Osteichthyes）、鲤形目（Cypriniformes）、鲤科（Cyprinidae）、异鳔鳅鮀属（*Xenophysogobio*）。

地位作用　异鳔鳅鮀是长江上游特色养殖种。主要用途为食用。

养殖分布　异鳔鳅鮀主要在我国四川等地区养殖。

养殖模式　异鳔鳅鮀的养殖水体为淡水，主要养殖模式包括池塘养殖、大水面增养殖等。

开发利用情况　异鳔鳅鮀为本土种，是长江上游特有鱼类，主要分布在长江上游干流、岷江、金沙江、嘉陵江、大渡河、乌江上下游、大宁河、青衣江等水系。尚未解决其人工苗种繁育技术。全国共普查到1个繁育主体开展该资源的活体保种和/或苗种生产。

401.剑尾鱼（*Xiphophorus hellerii*）

俗名 剑鱼、背剑鱼、海勒剑鱼。

（许剑波 提供）

分类地位 动物界（Animalia）、脊索动物门（Chordata）、硬骨鱼纲（Osteichthyes）、鳉形目（Cyprinodontiformes）、花鳉科（Poeciliidae）、剑尾鱼属（*Xiphophorus*）。

地位作用 剑尾鱼我国淡水鱼类观赏种。主要用途为观赏。

养殖分布 剑尾鱼主要在我国华南、东北、华东、西南等地区养殖，包括：辽宁、安徽、福建、广东、海南、四川等。

养殖模式 剑尾鱼的养殖水体为人工可控的淡水水域，主要养殖模式包括池塘养殖、水族箱养殖等。

开发利用情况 剑尾鱼为引进种，自然分布于墨西哥、危地马拉等地的江河流域，是近年来开发的观赏鱼类。全国共普查到6个繁育主体开展该资源的活体保种和/或苗种生产。

402.长背云南鳅（*Yunnanilus longidorsalis*）

俗名 长背始条鳅。

（陈啸 提供）

分类地位 动物界（Animalia）、脊索动物门（Chordata）、硬骨鱼纲（Osteichthyes）、鲤形目（Cypriniformes）、鳅科（Cobitidae）、云南鳅属（*Yunnanilus*）。

地位作用 长背云南鳅是我国淡水鱼潜在养殖种。主要用途为观赏、食用。

养殖分布 长背云南鳅主要在我国云南等地区养殖。

养殖模式 长背云南鳅的养殖水体为淡水，主要养殖模式为池塘养殖，以单养为主。

开发利用情况 长背云南鳅为本土种，个体小，在产地有一定数量，其人工苗种繁育技术处于起步阶段。全国共普查到1个繁育主体开展该资源的活体保种和/或苗种生产。

403.黑体云南鳅（*Yunnanilus niger*）

俗名 黑斑条鳅。

（陈啸 提供）

分类地位 动物界（Animalia）、脊索动物门（Chordata）、硬骨鱼纲（Osteichthyes）、鲤形目（Cypriniformes）、鳅科（Cobitidae）、云南鳅属（*Yunnanilus*）。

地位作用 黑体云南鳅是我国淡水鱼类潜在养殖种。主要用途为观赏。

养殖分布 黑体云南鳅主要在我国云南等地区养殖。

养殖模式 黑体云南鳅的养殖水体为淡水，主要养殖模式为池塘养殖，以单养为主。

开发利用情况 黑体云南鳅为本土种，个体小，在产地有一定数量，其人工苗种繁育技术处于起步阶段。全国共普查到1个繁育主体开展该资源的活体保种和/或苗种生产。

404.宽鳍鱲（*Zacco platypus*）

俗名 桃花鱼、双尾鱼。

（许晓军 提供）

分类地位 动物界（Animalia）、脊索动物门（Chordata）、硬骨鱼纲（Osteichthyes）、鲤形目（Cypriniformes）、鲤科(Cyprinidae)、鱲属（*Zacco*）。

地位作用 宽鳍鱲是我国淡水鱼类养殖种。主要用途为科研、观赏、食用、药用。

养殖分布 宽鳍鱲主要在我国华东、西南等地区养殖，包括：浙江、安徽、云南等。

养殖模式 宽鳍鱲的养殖水体为淡水，主要养殖模式为池塘养殖，可单养，也可混养。

开发利用情况 宽鳍鱲为本土种，个体小，在产地数量多，一般作为环境指示物种。是21世纪头十年后期逐渐开发的养殖种，初步解决了其人工苗种繁育技术。全国共普查到6个繁育主体开展该资源的活体保种和/或苗种生产。